WHAT'S STOPPING YOU?

相信自己

〔英〕罗伯特·凯尔西 著
林敬贤 译

2015年·北京

Robert Kelsey
WHAT'S STOPPING YOU
© 2011 What's Stopping You Ltd.
Published by Capstone Publishing Ltd.
All Rights reserved. Authorised translation from the English language edition published by Capstone Publishing Limited. Responsibility for the accuracy of the translation rests solely with The Commercial Press Ltd. and is not the responsibility of Capstone Publishing Limited. No Part of this book may be reproduced in any form without the written permission of the original copyright holder, Capstone Publishing Limited.

目　录

序………1
前　言………5

第一篇　是什么在阻止你………1
　第一章　恐　惧………3
　第二章　神经挟持和对外部的反应………20
　第三章　失败的积极意义………36
　第四章　改进你的反应………48

第二篇　目　标………55
　第五章　行　动………57
　第六章　想　象………66
　第七章　言　行………82

第八章　正在康复中的强烈害怕失败的人如何
　　　　设定合理的目标………94

第三篇　执　行………103
第九章　战略战术………105
第十章　判断力和灵感………122
第十一章　控制过程………133

第四篇　人际关系………151
第十二章　自　尊………153
第十三章　与老板打交道………166
第十四章　员工的成长………175
第十五章　社交和面试………185
第十六章　领导力………198

第五篇　我有限公司………215
第十七章　强烈害怕失败的创业者………217
第十八章　资助、白手起家和合伙关系………226

结　语………241
总　结………249

序

大多数人都知道自信是成功的秘诀。虽然姣好的相貌、智力以及各种资格证书都能增加你的筹码，但是在我认识的许多取得杰出成就的人中，他们最伟大的资产就是无与伦比的自信。

不幸的是，许多人都不具备这种强大的自信。我们常常怀疑自己，经常纠结于手上的"坏牌"却忽视了"王牌"。罗伯特·凯尔西（Robert Kelsey）的这本书就是为像我们这些缺乏自信、对自己过于严厉、不确定自己是不是能做到或者到底会不会去做的人而写的，并且——在我看来——写得非常成功。

事实上，这种感觉是自我实现的。正如自信的人会创造出成功所需的精神状态一样，缺乏自信——或害怕失败的人——也会创造出让自己停滞不前的精神状态。所以害怕失败只会让你越来越糟，但也有可能让你变得更好，这不只是因为自信的人完全不害怕失败。正如罗伯特·凯尔西所证明的那样,虽然失败却不会因此畏首畏尾,这也许是那些自信心满满的人所具备的最重要的特质。

当然,成功与野心无关——有野心很容易——而在于你是否能克服困难。根据我的经验,生活中的赢家和输家的区别在于他们如何处理失望的情绪。没有哪一个领域可以不经过挫折就获得成就。但决定成功与否的不是挫折本身而是我们面对挫折时的反应。

本书为那些目前仍因为挫折停滞不前的人提供了帮助。事实上,这些人可能因为害怕挫折甚至连试都不敢试。但本书的珍贵之处在于,它一方面从理论层面讨论了恐惧的性质和恐惧对人们成就的影响,另一方面又非常实用。本书为那些因为害怕失败而裹足不前的人指明了一条道路——不像许多励志书那样不切实际地鼓吹实现梦想之类的空话,而是一步步提出建议,帮助人们应对每个时期所遭遇的恐惧,解释了为什么我们可以通过改变思想和行为来获得更好的结果,以及如何改变我们的思想和行为。

作者并没有提出全新的理论或是全新的生活方案,而是在总结几十本相关的励志书的基础上,取其精华,去其糟粕,目的是为那些单纯逃避失败的人找到适合他们的道路——帮助他们做得更好。这方面的书已经多如牛毛,有的有用,但大部分一文不值。本书尽可能面面俱到,并精心挑选了数百位心理学家、临床医学家和励志大师所提供的最实用、最可靠的建议。

《相信自己》讲述了作者很多的个人经历。作者在书中深入浅出地回顾了自己的职业生涯，并讲述自己是如何通过研究文献、真正分析自己的问题以及锻炼自己应对这些问题的能力来克服心魔的。这些或令人捧腹、或阿谀奉承、或痛苦的个人经历让读者觉得，这本书既理性又充满了感性的对话。

　　罗伯特·凯尔西是个罕见的人才，不但经营着自己的公司，还写得一手好文章。他把自己的亲身经历诉诸笔端，并对他经历过的挑战进行了深入思考。现在只要稍微识点字就可以成为"作家"，导致市面上出现了很多粗制滥造的文章。但是，在此类题材的作家中，没几个有扎实的文字功底——事实上，他们的行文烂透了。当然，你也许会觉得，在现代社会，一个作家是不是有文采，或者论证是否合理已经不重要了。但事实上这非常重要，这二者对读者是否能从书中学到东西并获得成长十分重要。

　　阅读本书对我而言是莫大的享受。相反，现在人们虽然买了很多商业书和励志书，但往往把它们束之高阁，其中有部分原因是因为这些书根本就读不通。但是，凯尔西先生的文笔非常流畅，看了让人爱不释手。而且本书不会让人有在读小说的感觉，而是可以作为参考收藏之用，在需要的时候拿出来翻阅，因为这本书里把重点都标记了出来，并且还有大量切实有效的内容教你如何改变并持之以恒以获得更好的结果。在这一点上，本书有很强的针对性——针对那些怀抱正常的希望和恐惧的一般性读者，而不是像许多励志书的作者那样希望读者在翻了几页书之后就能摇身一变成为幻想中的超级英雄。

本书所提供的方法并不适用所有人，但每位读者都能从中找到感兴趣的话题——尤其是那些缺乏自信的人——能从中找到共鸣，包括从目标的制定到处理与同事的关系，从发现自我的真正价值和动机到创业等。

《相信自己》是一本在职场和商场丛林中求生的实事求是、面面俱到的指南。凯尔西没有夸夸其谈，而是坦然面对自己职场生涯的起起伏伏；他脚踏实地，不会愤世嫉俗。这本书不是教读者如何实现不可能实现的、也许只是昙花一现的梦想，而是为那些希望能摆脱让他们停滞不前的恐惧心理从而获得进步的人而写的。

所以我真心实意地推荐这本书，并鼓励读者把它放在床头，时不时地翻阅，或是为了从中获得启发，或是为了加深理解，抑或是为了获得实用的建议。阅读本书带给了我很大的享受，我相信你也会如此。

卢克·约翰逊
英国私人股本集团和英国皇家艺术协会主席

前　言

"永不言败"是电影《阿波罗13》（Apollo 13）中美国宇航局飞行主任吉恩·克兰兹（Gene Kranz）的一句台词。这部1995年上映的电影改编自阿波罗第三次登月时几近发生的空难。不过，这位"主任"说错了，在当时失败是可能的，所以他才说了这句话。克兰兹这样说实际上是在以"大家长"的姿态希望队员抛开他们对**失败的恐惧**。

因为他知道，虽然失败已经近在眼前，但是，考虑到失败的后果，他想要也不得不选择其他可能。如果他说的是"虽然失败几乎已成定局，但是我们还是再试试吧"，那么他的队员就会陷入自己内心的恐惧中，而不敢说出自己的想法。但是，只有集众人之智才有可能拯救宇航员，所以克兰兹必须想方设法让他们说出自己真实的想法，所以他才加重语气说了这句话，好帮助队员克服内心的恐惧。

害怕失败

但是《阿波罗13》毕竟是部电影，台词都是编剧早就写好的（现实中的吉恩·克兰兹后来将这句话作为自己自传的标题）。那些阻止我们实现目标的恐惧通常都是世俗的、私密的、微妙的，有时不明显到许多人可能都无法充分认识到这种恐惧对他们的思想和言行所产生的影响。

克兰兹非常清楚，对失败的恐惧会改变我们的行为，而这种改变会让失败几成定局。恐惧会麻痹我们的决策机制，混淆我们的判断，摧毁我们的创造力。但就精神状况来说，对失败的恐惧不但是最为普遍的精神状况之一——单在英国就有数百万人深陷在对失败的恐惧中——还是最不为人所承认或试图克服的精神状况之一，部分原因是因为，害怕失败的人由于害怕丢脸或是在人前显得尴尬，所以宁愿默默承受，甚至否认自己害怕失败，而不是积极寻求治疗。

他们的恐惧和不安全感就像铁链一样把他们绑在海底，使他们无法游出阳光充沛的海面。当然，有些人会用抑郁或愤怒的形式来表现他们的恐惧，而没有意识到此种症状背后的原因——使他们被自己的行为所绑架，更加证明了他们内心的恐惧，进一步摧毁了他们进步的潜力。

虽然克兰兹成功地用一句话激发了队员的潜力，但我们很可能没有他们那么幸运。即使我们承认内心的恐惧并试图克服它，我们也可能会被数百种励志书搞得晕头转向。这些书都在鼓吹增加自信和自尊以获得更大的成功，甚至是"无穷的力量"。有些书会直接谈到对失败的恐惧，有些关注的则是与此相关的或潜在的问题，如缺乏自信、自尊过低等。其中有许多书都通过向读者灌输一些不可否认具有强烈激励作用的话语和技巧重整读者的精神状态，似乎立马就能驱逐我们的脆弱感，确保我们获得成功。

但是，健康警告是必要的。有关重获新生、变成更加自信甚至大无畏的人的承诺是对那些迫切需要解药的患者的虚假的承诺。我们将发现像害怕失败这样的精神状态，以及其先前征兆如自尊过低等，都是天生固有的。一旦染上就永远无法摆脱。

这是个不幸的消息。但好消息是，我们仍可以接受这一事实，并取得显著的进步。事实上，在我看来，只有当我们接受了我们的恐惧和信仰将永远伴随我们这一事实，我们才有可能获得显著、持久的进步。我们可以学着和真实的自己相处——包括我们的种种不安全感。我们不必永久地驱逐它们也能向前走。我们可以实现我们的目标。只要这些目标是正确的，是我们自己的，而不是由外部力量或我们自己错误的想法而强加给我们的虚假的目标。

我写这本书的初衷是因为害怕失败的人需要一张地图。但本书并没有为他们提供一张"地图"。事实上，我们每个人都必须亲手绘制属于我们自己的那张地图。但即便是我们自己动手，这张"地图"也要经过反复修改才能获得一点清晰的轮廓。我希望，本书能指导你如何绘制这样一张地图：尽管只是初稿，边界模糊不清，还有许多"有龙在此"的标记，但它毕竟还是张地图，可以在我们穿越灌木丛时指引我们前进，可以指导我们在接下来采取重要的措施。

骑在我背上的猴子

我这一生都受到对失败的恐惧的折磨——这种恐惧源自我幼时因过于自卑而产生的不自信。在我人生的关键时刻，这种恐惧让我对自己的能力产生了怀疑，深刻地改变了我的行为，让成功愈加遥不可及：经常就在成功的当口给了我致命的一击。为此，我已经翻阅了数十本这方面的书籍，试图摆脱我称之为"骑在我背上的猴子"——一只总在关键时刻在我耳边向我灌输恐惧和自我怀疑的"猴子"。

我读过的大部分书都承诺能消除我的不安全感，保证实现我的梦想，但事实是这只"猴子"并没有消失，反而一直赖在那里。显然，我肯定是哪里做错了：也许是不够努力，也许是没有改掉那些不好的行为和观念。但是，现在我认识到，这些书里做出的种种预言本身就是错误的，因为这种预言并没有考虑到我是谁,也没有考虑到那只"猴子"。

当然,好一点的书会从我们自己的问题出发给你指明一条成功的道路。这类书对"是什么在阻止你成功"的回答是"是你自己(当然还有那只"猴子")"。但是,它也会说我们必须接受这只"猴子"的存在,再计划如何取得进步。它会发现并向我们描述有哪些障碍可能阻止我们获得进步,以及它们会导致什么样错误的观念。

当然,如果我们能明白正是我们对这些障碍的反应,才导致了不尽如人意的结果,而不是因为障碍本身、坏运气、无能或别人对我们的偏见,那么我们才能做得更好。

我们不需要什么神药,只需顾及我们的种种不安全感,并据此调整前进的方向即可。

失败方面的专家

我是一个失败方面的专家,在童年和青年时期,我在学业和事业上遇到了接连不断的挫折。

在小学低年级的时候,我就被老师认为是个笨学生;很快我的家庭就破裂了;我的小学毕业考试考砸了,只考上了一家由现代中学改成的综合性中学。我在中学里成绩平平,并在15岁就辍学了。辍学后我跟着当地的一位房屋勘测员,在泥地里帮他举条纹杆。他很好心地让我去上一周一天的学位课程。但不可避免地，我又翘课了，兜里揣着一张往返票在伦敦大街四处溜达。

最后，凭借之前的经历，我找到了一份帮伦敦地区煤气公司维护住宅建筑的工作。当时我18岁，我非常喜欢这份工作。当时我服务的是伦敦西区一家大型的调查公司，在里面工作的都是大学生和专家。他们没有嫌弃我的口音和不懂礼数，对我非常好，还鼓励我继续接受教育。当我发现我和他们一样有能力的时候，我报名参加了一个A级的夜班，并且在五年后从曼彻斯特大学毕业获得政治和现代史联合学位。

毕业后我并没有什么职业规划，只有个模糊的概念想从事新闻行业，并在几次尝试之后，成为了一名特派记者，后来又担任一家银行业杂志的编辑，最后又成为了一名银行业者。像我这样的人用这个城市的话来说就是"由猎场看守员变成的偷猎者"。

正如我在"第一篇"中讲到的，我并不是个成功的银行家。在恐惧的麻痹下，我在伦敦和美国工作时都没有意识到自己并不适合金融业。后来，有一个朋友想成立一家互联网企业的孵化器（这大概是在世纪之交的时候），于是把我招了过去，我们一起成立了都会立方（Metrocube）公司，将其定位为"电子商务社区"，并孵化了200多家企业。几年后在互联网泡沫破碎后我们把它卖掉了。

我一直很想在新闻和银行业干出点成绩，再加上创业心的驱使，我后来结合自己的经历，成立了穆尔盖特信息（Moorgate Communications）公司。这是一家主要针对银行的金融公关公司。公司一直发展良好，甚至在2008—2009年的金融危机中仍保持了业绩的增长。

此外，我还根据自己在纽约银行业的工作经历写了一本书，并在2000年得以出版。当时我以为自己能成为像尼克·霍恩比（Nick Hornby）或迈克尔·路易斯（Michael Lewis）那样的幽默、充满男孩子气的作家。但是，那本书并没有像我希望的那么畅销，我的作家梦碎了。

自助成瘾

撇开我的作家生涯不谈，在读了我的上述经历之后读者可能会认为我根本不是什么失败方面的专家。但这是因为我忽略了我在上述种种经历中的恐惧、沮丧、情绪化、偏执、痛苦和勃然大怒。我是个非常缺乏安全感的人，非常难以共事，在此我谨对曾忍受过我的无理取闹的同事们致以歉意。

但是在直面我的恐惧和不安全感方面我已经有了很大的进步。让人惊讶的是，尽管我之前对励志书的评价不佳，但是我所取得的进步在很大程度上都要归功于这些励志书。我是在美国的时候开始喜欢上这类书籍的——美国有大量的励志书，这显示了其开放性，而英国在这方面的却略显滞后。但直到回到英国后我才对这类书着迷，因为我开始意识到问题不是某份特定的工作、某个特定的人或是某种特定的情况，而是我自己。

最终，像书里所说的一样，我开始寻求专业心理医生的帮助。但是，那位心理医生——以及我自己的深入研究——非但没有进一步巩固那些励志大师对我的影响，反而让我认识到心理学家所谓的我们的内在（但可治疗的）性格和励志大师所承诺的立马见效、改变人生的解药之间的天壤之别。

我对此的第一反应是——和很多人一样——愤怒。这些大师所提供的不切实际的希望和幻想最终可能会让人变得更加虚弱。但是，任何事情都有两面。他们所传递的大部分信息还是非常有用的。他们所提供的忠告和技巧有时非常有逻辑性，能给人以启迪。因此，那些拒绝接受大师权威的人仍可以从他们那些往往是非常实用的建议和方法中受益——这些建议和方法也让本书变得趣味盎然。

当然，我现在每天仍在与内心的恐惧和过低的自尊做斗争。但我现在已经意识到这是我的性格的一部分，而这种性格并不会毁了我，只要我能认识到这一点。而在本书中我一方面想指出那些对失败抱有极大恐惧以及抱有相关的不安全感——如过低的自尊——的人的错误的想法和行为，一方面指出在这种情况下，这些人所能获得的进步。

你的不安全感是你的性格的一部分。这没有特效药，但是一旦你意识到你是谁并记住这一点，你就能做出巨大的进步。

第一篇

是什么在阻止你

第一章 恐　惧

　　如果你问我过去是什么在阻止我，我会马上告诉你：是恐惧——事实上，是对失败的恐惧。我与父母、兄弟姐妹、老师和同龄人之间的关系可能是导致这种恐惧的原因，此外还有童年时期经历过的其他创伤性事件——特别是那些让我们觉得被轻视或被侮辱的事件。但是，不管导致这种恐惧的起因有多么不起眼，它都可能发展成无法控制的恐惧症，并在患者成年后麻痹其精神。它也会在我们职业生涯中的不同阶段出现——即使我们看起来似乎已经克服了这种恐惧心理或者在某一领域已经建立了强大的自信。

　　我在投资银行业失败的职业经历就是一个非常好的例子。我，一个看起来很有自信、同时又非常了解公司业务的财经记者，吸引了一家领先的企业银行的注意。在经过了一场冗长的面试和评估过程，我成功说服他们我所接受过的培训和所具备的背景完全符合这家投资银行成长中的企业银行业务的需求。

但是，在被录用之后我的行为就发生了改变。我开始害怕自己没有足够的知识，害怕自己只会纸上谈兵。当时，这种担心很可能是真的，但是这对会议室里的大部分银行家来说都没有区别——以我对企业银行领域的了解，他们在这方面的经历也是非常有限的（事实上指的是企业银行销售人员所需具备的知识）。但由于我在招聘过程中把自己大吹大擂了一番，所以等我成为真正的银行业者之后，我就很怕自己做错事或说错话——他们都不禁好奇，他们雇来的那个自信满满甚至有点自傲的家伙、那个下一任"创始人"的接班人怎么了？

我的任务是为这家银行拉到一亿美元以上的融资，供投资者们安排。这看起来似乎很容易。我当时以为我们只要找个想借钱的人，向借方要些债券（我们当时要的是油料装运等可收货款），把钱借出去，然后等着收利息就可以了。但是，伦敦有一半的银行都在做同样的事，所以我只能去找在20世纪90年代还让人闻之变色的借款公司：俄罗斯的企业。

在20世纪90年代中期，莫斯科街头每天都有商人被抢，而我的客户是刚刚私有化的俄罗斯石油公司，它们肯定也不是什么好对付的家伙。但是，我并没有被吓倒。相反，这恰好掩饰了我内心真正的恐惧。我真正害怕的是银行会发现我其实并不知道怎么做这种生意。我不知道需要多少石油才能偿还这笔贷款，也不知道该在什么时候把多少石油运到什么地方，以及如何把这些石油运过去。这些对我来讲都太复杂了。

但事实是银行里没有人知道答案，石油公司说怎么做我们就怎么做，而银行里似乎只有我对此感到不安——这也成了我整个银行业生涯的问题症结所在，因为银行业每天都在冒这样的风险。但是，我还是忍不住会在头脑中幻想俄罗斯在后苏联时期可能发生的十几二十种恶劣的形势，而每一种都有可能让我在银行业一败涂地。

对办公室政治视而不见

虽然我不喜欢冒险，也没有什么技术能力，但这本也不至于断送我的银行业生涯。这家银行充斥着担惊受怕、技术无能的人。而导致我成为一个失败的投资银行家的最终原因是，所有其他技术不过关、也厌恶风险的银行家却是办公室政治的高手，并借此得以飞黄腾达。他们对这家银行的方向有着很好的把握，并能据此做出一些对自己有利的决定。

而我非常不擅长办公室政治。我的判断力也很差——这是因为我一直试图隐藏我内心的恐惧和不安全感而不是专注在银行（或我自己）的利益上——因此我误信小人，做出了错误的决定。我变得像个白痴一样，很快别人也开始把我当成白痴。只要是我经手的生意看起来都会风险很大，只要是我参与的新项目很快就会变成烫手山芋。

甚至于我被调到美国，虽然他们说这对我来说是个好机会，但实际上他们只是在清除一个不称职的员工。我在美国之所以能接着做下去是因为我发现了有家公司不管怎样都会接受我们的贷款，那就是安然公司（Enron）。

但是，当时我非但没有专注提升自己作为银行家所需的技能，尤其是像判断哪些人能信任哪些人不能信任，以及为自己招兵买马这样的软能力，相反，我很快找到了一个跳脱银行业的方法。我又回到了记者的老本行，开始把我在纽约生活的点点滴滴记录下来，很快这项工作占据了我的大部分时间和精力。我在被银行开除之前自己先炒了它。

情绪和它们在生存中所扮演的角色

我之所以详细描述了导致我失败的银行生涯的种种恐惧和行为，是因为这种情况看起来很奇怪，因为首先要赢得这份工作并不容易，而当时这家银行显然认为我具备了必要的知识或者至少学习的能力。但是，正如我在之后会提到的，那些害怕失败的人往往会在失败几成定局的时候冒很大的风险，因为日常生活让他们感到麻痹，所以在日常生活中他们只会适度冒一些风险，而且这种风险往往是很普遍的。但他们行为的改变往往只会增加自己失败的概率，使他们陷入对失败的恐惧——失败——对失败愈加恐惧的恶性循环中，与今天的职业需求南辕北辙。

那么，为什么有这么多人会通过这样伤害自己的行为来阻止自己取得任何成绩呢？英国哲学家迪伦·伊文斯（Dylan Evans）在《情感，来自演化？》（Emotion: The Science of Sentiment）（2001年）一书中解答了这一谜题。他在书中问道：如果诸如恐惧和悲伤等情绪是人类与生俱来的，那么为什么它们会对现代职业造成这么大的危害呢？又或者，从另一个角度来说：既然这些情绪不能带来任何经济上的好处——事实正好相反——那么，它们怎么没有在自然选择的过程中灭亡呢？

他想知道为什么我们没有像《星际迷航》（Star Trek）里的史波克（Spock）那样进化，用纯粹的逻辑思维来判断人生经历的种种考验。结论似乎是，史波克的家乡瓦肯星（Vulcan）上是没有食肉动物的。而在地球上，伊文斯认为，情绪作为一种快速反应动作，其演化是为了使我们更好地生存，因此在情绪上来的时候往往是无法控制的，就像是身体里的神经突然爆发一样。

据伊文斯所说，欢乐、沮丧、恐惧、愤怒、厌恶，所有这些情绪对我们在自然界的生存都具有重要的意义。但我们很少承认，这些情绪直至今天在评价中仍起着重要的作用，只是这种作用变得更加微妙罢了。伊文斯通过观察那些无法通过自己的情绪进行评价的人来获得证据。

"那些由于脑损伤而丧失情绪能力的人往往会因毫无

顾忌而做错事",他观察到,"他们被迫只能依靠自己的逻辑推理能力,在能相信谁这点上往往会做出错误的决定。"

受损的智力

伊文斯提出的观点非常重要,因为,正如我们即将看到的,我们当中那些害怕失败的人也许是因为其理智和评价能力受损才会这样——也许是由于童年时期艰苦的条件或创伤性事件所导致的。这说明我们也是脆弱的,而恐惧是脆弱的表现。因此,在现代社会,情绪仍然非常重要,这意味着如果不能正常地运用我们的情绪进行评价,那么结果可能是灾难性的——或者至少是麻痹性的。

那么,这是不是意味着我们要成为情绪的奴隶,而那些不能运用情绪进行评价的人则会自取灭亡?并不尽然。许多人的行为并不受其情绪的控制。英国上层阶级的面无表情并不是神话,是一种外部反应而非内心情感的表现——他们从年幼时就接受训练要隐藏自己的情绪而不是改变它们,就像职业赌徒可能内心波涛汹涌但仍可以摆出一张毫无表情的扑克脸一样。确实,这种反应永远都只能像面具一样。在现实中,"安静的绝望是英国独有的"——至少平克·弗洛伊德(Pink Floyd)是这么认为的。

这种掩饰需要训练,而且不论在什么情况下,这在现代社会都不是一种令人满意的反应,因为现代社会鼓励人们表达自己，或者至少言行能赢得别人信任和理解而不是导致不信任和误解。而且这种掩饰可能只是像被判了缓刑一样——一旦面具滑落，人就会因为不堪重负而崩溃。当然，更好的办法是试着理解我们自己的各种情绪，以及诸如恐惧等情绪是如何激励我们或使我们变得消极的，它们是如何损害我们的判断力和改变我们的行为的。但自我认识每次都能战胜自我否定吗？

情绪控制方面的实验

心理学家菲尔·伊文斯（Phil Evans）在《动机》（*Motivation*）（1975年）一书中详细介绍了情绪实验——尤其是对恐惧的实验——的相对短暂的历史，以及这些情绪是如何影响我们的动机的。

例如，1948年，美国心理学先驱尼尔·米勒（Neal Miller）进行了一次有关恐惧所产生的影响力的实验。他把老鼠分别放在一黑一白两间隔间里，然后不断对白色区域里的老鼠进行电击。当时，很快这些老鼠就表现得非常不想接近那块白色区域，甚至还越过了重重障碍逃到黑色区域里。不久之后，那些受过点击的老鼠只要一看到白色区域就会显得很紧张。米勒的结论是，恐惧产生的时间很短，能使行为发生深刻的改变，还能使老鼠在遇到类似情形时（如当回忆起此类创伤性事件时）能自动做出害怕的反应。

不足为奇的是，这种情绪调节也适用于人类身上，只不过表现得更为微妙罢了。伊文斯引用了战后美国心理学家朱德森·布朗（Judson S. Brown）的观点。后者认为，受到恐惧的趋势，人们会花很多时间用来寻找如金钱等"强化刺激"，并做出"操作反应"，如固守一份工作等。布朗的论点是，一个人在追寻什么很可能没有他在避免什么来得重要。他认为，我们可以说一个人在挣钱，但是也可以说他的动机是对不挣钱的恐惧。

在我看来，布朗对回避的关注已经开始接近将恐惧作为驱动力的问题的核心了。但是，直到斯坦福大学的约翰·阿特金森（John W. Atkinson）对"成就动机"（阿特金森和其他人将此简称为"nAch"，表示"对成就的需求"，但是我认为将其缩写为"AM"更好记一些）进行研究，才真正触及人们对失败的恐惧的关键问题。

伊文斯又详细介绍了阿特金森［和利特维（Litwin）在戴维·麦克利兰（David McClelland）的实验的基础上］所进行的实验。他将儿童分成几组完成与成就相关的任务，并注意到这些孩子完成任务的方式有两种：要么期待成功，要么期待失败。阿特金森的结论是，个体表现的好坏取决于内在的"成就动机"的强弱。那些有强烈成就动机的孩子完成任务是为了获得奖赏，而成就动机较弱的孩子则会由于对失败的预期或恐惧（阿特金森将对失败的恐惧缩写为"FF"）而避免完成任务。

阿特金森注意到，在选择任务的时候，有强烈成就动机的孩子会选择中等难度的任务，因为他们想获得成功的回报。与此同时，那些成就动机较弱或者强烈害怕失败的孩子要么迫不及待地选择那些非常困难的任务，要么在很多情况下，干脆想办法完全逃避任务。

此外，阿特金森还做出了另一项了不起的发现：强烈害怕失败的孩子会挑战那些被认为非常困难或是几乎不可能完成的任务，因为这样能减少失败的代价。所以，当那些有强烈成就动机的孩子选择那些富有挑战但是可以完成的任务时，那些强烈害怕失败的孩子只选择那些要么非常容易，要么非常困难的任务。例如，阿特金森让孩子们比赛往木桩上套铁环。那些有强烈成就动机的孩子会站在离木桩有一定距离但可以扔中的地方，而强烈害怕失败的孩子要么就站在木桩上，要么就站到几乎不可能扔到的地方。

坚持完成任务；逃避任务

澳大利亚心理学家诺曼·费瑟（Norman Feather）也进行了类似的实验，得出了相似的结论。他发现，根据实验对象的成就动机的强弱，他们对已经失败过一次的任务的坚持程度也有所不同。那些有着强烈成就动机的孩子会倾向于再试一次，他们也许会重新评估任务的难度，变得更加专注或下更大的决心。但那些强烈害怕失败的孩子则不愿意继续，以避免失败所带来的羞耻感。

　　费瑟还发现，他可以通过描述任务的难易程度来左右实验对象的反应。如果他说这个任务很难，那么那些强烈害怕失败的孩子就会愿意继续，因为——费瑟的结论是——这会减轻失败所带来的羞耻感。事实上，费瑟所安排的任务——在不让笔离开纸的前提下，用笔把某个数字圈起来——是不可能完成的，尽管这乍看之下似乎很容易。

　　在总结上述实验后，菲尔·伊文斯得出：成就动机的强弱在学生的职业选择中起着至关重要的作用。那些有着强烈成就动机的学生会选择现实但富有挑战性的工作——也许是成为专业人才或科学家。他们有很高的目标——会避免从事那些回报较低的工作——但他们也很脚踏实地。他们不会追求那些过于不切实际的或不现实的"疯狂的梦想"，如变成流行明星或电视名人等。与之相反，那些强烈害怕失败的学生要么选择一些不起眼的工作，要么选择一些可以带来高回报（如名气）或者有可能失败的工作——由于成功的概率很小，人们就不会对他们的失败说三道四。事实上，在这种情况下，只要你试了就会得到正面的评价。

熟练导向或自我导向

　　菲尔·伊文斯在 20 世纪 70 年代中期发表了有关情绪

驱动行为的研究史的著作。他在书中详细介绍的研究在20世纪80年代获得了卡罗尔·德韦克（Carol Dweck）和埃伦·莱格特（Ellen Leggett）的进一步支持。他们通过目标设定实验得出，儿童可以分成熟练导向型或自我导向型，前者（即具有强烈成就动机的儿童）不但相信他们可以克服障碍，找到解决方案，并且非常享受这一过程。

对熟练导向型儿童来说，他们关注的是学习新技能或提高原有的技能，这意味着他们在遇到挫折时会百折不挠，但自我导向型的儿童（即强烈害怕失败的儿童）更倾向于不丢脸，所以他们会尽可能避免任何可能导致失败的情形。他们对成就的需求似乎没有他们对不表现得愚蠢的需求来得强烈。当然，这两种类型的儿童，实验也预示了他们未来的学业和职业成就水平以及终生学习习惯的培养。

现在我们手上似乎掌握了一个很有名的心理学现象。有强烈成就动机的人并不担心失败，反而一定的风险更能激励他们。他们更可能接受那些成功的可能性较大的挑战，并且会觉得简单的任务过于无聊而不屑于接受。与此同时，强烈害怕失败的人害怕在人前丢脸，因此他们会尽量避免失败的可能性。他们更可能尝试一些非常简单的任务或是一些不可能完成的任务，因为人们会肯定他们尝试的勇气，这也能掩饰他们对更高目标的逃避。

针对强烈害怕失败的人的励志书

伊文斯的书尽管面向的是学术人士，但却引起了我强烈的共鸣。虽然这么说有点自我牺牲的意味，但我在私下绝对是个强烈害怕失败的人。不论是手头的任务还是关系人生的重大抉择，我都害怕失败，并且这种恐惧会影响我的行为。我在工作中是这样，在生活的其他方面也都是这样，我在童年时期糟糕的学业成绩当然也不例外。

但伊文斯的书早在1975年就出版了（我是在一个小镇的一家二手书店里买到的），而对动机的研究实验可追溯至20世纪60年代。那么，为什么这些年来我看的那些教人"如何成功"的书都没有涉及这些实验所发现的基本问题，甚至连强烈害怕失败的人目标设置不当这点也没有提到呢？

那些教人"如何成功"的书籍确实多如牛毛（尤其是在美国）。阿兰·德·波顿（Alain de Botton）在2004年出版的《身份的焦虑》(*Status Anxiety*)中声称，这类书的鼻祖是本杰明·富兰克林（Benjamin Franklin）的《自传》(*Autobiography*)（1790年）。在书中，富兰克林鼓励读者遵守"没有付出就没有回报"和"早睡早起"等训诫。

威廉·马修（William Matthew）在1874年出版的《为人处世之道》(*Getting On in the World*)是第一本直接谈

到此类题材的书，之后出现了威廉·马赫（William Maher）所写的《在致富的道路上》（On the Road to Riches）（1876年）、埃德温·T.弗里德利（Edwin T Freedley）的《生活中成功的秘诀》（The Secret of Success in Life）（1881年）、莱曼·阿博特（Lyman Abbott）的《如何成功》（How to Succeed）（1882年）和威廉·斯皮尔（Willaim Speer）的《成功的法则》（The Law of Success）（1885年）。后来又出现了像戴尔·卡耐基（Dale Carnegie）的《人性的弱点》（How to Win Friends and Influence People）（1936年）、拿破仑·希尔（Napoleon Hill）的《成功致富》（Think and Grow Rich）（1937年）、弗兰克·贝特格（Frank Bettger）的《转败为胜的销售秘笈》（How I Raised Myself From Failure to Success in Selling）、安东尼·罗宾（Anthony Robbins）的《激发心灵潜能》（Unlimited Power）（1986年）、罗杰·艾伦（Roger E. Allen）和史蒂芬·艾伦（Stephen D. Allen）的《小熊维尼看成功》（Winnie the Pooh on Success）（1997年）。

你发现了吗？所有这些书都是写给那些强烈害怕失败的人看的，但是它们所传递的关键信息却是：伸手摘星是没有问题的。在传授那些不可否认有用的实现目标的方法之前，他们似乎都在说："加油，你可以成为明星的。"

苏珊·杰菲斯（Susan Jeffers）在《如何战胜内心的恐惧》（Feel the Fear and do it Anyway）（1987年）一书中

至少涉及了关键问题。但是,如果要做的这件事并不是正确的事,那该怎么办呢?要是人们由于害怕失败而制定了错误的目标——逃避可持续的、够得着的职业而选择这些励志书所鼓吹的"疯狂的梦想",那该怎么办?作为一个强烈害怕失败的人,我希望励志书能指导我培养那些具有强烈成就动机的人所具备的评价和自我激励技能。我需要的是一本书能告诉我:"看,可能你所有的关于目标制定和成就的观念都错了,你需要重新思考。"

也许答案不在于如何"实现我们的最高目标",而是关于制订适当的目标并实现它。与其"战胜内心的恐惧",为什么不承认恐惧可能正把我们引入歧途?

实现梦想是个虚伪的承诺

尽管许多研究文献都把人们分成具有强烈成就动机的人和强烈害怕失败的人,但是现代的励志书籍似乎都忽略了这种划分,而这些书很明显都是针对那些沮丧、强烈害怕失败,或者自信心不足的人的。这可能是因为这些书的作者认为即使我们能克服内心的恐惧,我们还是会坚持那些不现实和出于逃避的目的而制定的目标。此外,那些无聊的具有高度成就动机的人往往已经稳定下来了,不太可能购买励志书籍。

然而,作为一个非常害怕失败的人,我意识到需要调整的是梦想本身。实现梦想本身就是个虚伪的承诺——甚至可能是个谎言。在现实中,它就像毯子一样,虽然温暖舒适,但却阻碍了个人的自我实现。这种不成功便成仁的思想驱使人们不断地追求成功,而这种要么失败如丧家之犬,要么成功而骄傲自大的结局对没有安全感又害怕失败的人来说,在解决了旧的问题之后又会带来同样多新的问题。

确实,我第一次看到了名人行为的本质:傲慢、吸毒、酗酒、盲目的婚姻和婚外恋以及毫无节制的自我毁灭行为。许多名人本身都是强烈害怕失败的人,只因神奇地"用铁环扔中了木桩"就成了名人,现在不得不在各种不安全感中挣扎。与此同时,那些具有强烈成就动机的人则成为了律师、会计、医务工作者等,他们是成功的、正常的、拥有持久的强烈自尊心的人。

"归因理论"和"控制点"

但心理学家并没有就此止步。20 世纪 80 年代末期,加利福尼亚大学的认知心理学家伯纳德·韦纳(Bernard Weiner)发表了"归因理论",从情绪和动机来解释学术成败。

在韦纳的著作中,很明显,我们的心态起着重要的作用。那些拥有积极心态的人(即我们所说的具有强烈成就动机的人)将他们的成功归因于自己的能力,而将失败归因于不够努力或技能不足;那些拥有消极心态的人(即我们所说的强烈害怕失败的人）将他们的成功归因于任务本身的难度极低或是自己运气好，而将失败归因于自己没有能力。

韦纳谈到了"控制点"——这一概念是由朱利安·罗特（Julian B. Rotter）在20世纪50年代首先提出的——用以解释个体认为自己能在多大程度上控制那些影响他们的事件。积极的心态似乎是建立在"内控"型人格的基础上，拥有这种心态的人相信自己能适应或控制外部因素，或者至少控制这些外部因素对我们的影响。相反，消极心态则是建立在"外控"型人格的基础上，拥有这种心态的人认为我们受到外部力量的控制，如运气、命运或是他人的操控，无力改变，我们的能力（或者说无能）是天生的，这也意味着我们学习新技能的能力有限。

这种观点不但指出了消极的自我认知和害怕失败之间的重要联系，还提醒我们那些强烈害怕失败的人受损的评价能力。即使是在总结失败教训时，具有强烈成就动机的人更愿意相信自己内心的声音和推理，而不是身边七嘴八舌的意见，并认为只要加强学习和提高专注力就可以成功。而强烈害怕失败的人则认为失败或挫折是不可战胜的，因为他们本身的能力水平（在他们看来是很低的）已经固定了。

而这种过低的自我认知意味着，他们很容易受到外部因素或信号（或好或坏）的影响。朋友、家人、同事、老师、对手、陌生人、大师甚至是名人和虚构人物对他们的境况和能力的评价都比他们自己的评价要可靠得多，他们也很容易相信励志书所许下的"你能行"这样的空话（也很容易依赖运气、命运或星座等。）

所以，消极的自我认知会导致消极的自我评价（这是由我们的恐惧引起的），而消极的自我评价则会导致消极的反应（这也是由我们的恐惧引起的），形成可怕的、不断失败的恶性循环。你是这样的吗？我之前就是这样。去他的内心怀疑，正是这种怀疑让我们的每个积极的行为只能昙花一现（只是一时的运气），而每件消极的事件只会让我们更加难受；去他的消极的自我认知，它让我们听从那些不管是谁提供的靠谱或不靠谱的建议，摧毁我原本就脆弱的内心意志；去他的害怕失败，这种恐惧让我儿时学业平平，在我成年后又使我倾向于要么选择较容易的职业，要么坚持荒唐的梦想。

你可能会因为不想在公众面前丢脸而避免那些有挑战性的但可以完成的任务，而选择那些几乎不可能完成的任务，因为就算你失败了，人们也会对你给予褒奖（从而掩饰你对那些可以完成的任务的逃避）。不幸的是，对那些害怕失败的人来说，你的职业和生活选择可能都会遵循同样的模式。

第二章 神经挟持和对外部的反应

丹尼尔·戈尔曼（Daniel Goleman）在其1994年出版的著作《情绪智力》（*Emotional Intelligence*）中，描述了各种情绪事件对身体所产生的直接影响。举例来说，愤怒会使血液上涌，使身体准备投入战斗，心跳加速，肾上腺素激增；而恐惧会使血液涌入骨骼肌，如双腿打颤，脸会煞白，身体会突然僵掉，不知道是躲起来、跑开还是坚持下去。与此同时，荷尔蒙激增，身体处于警觉状态，让我们专注于对付眼前的威胁。

这种反应带来的短期效果很明显——特别是当我们真的遇到危险时。但是，如戈尔曼所说，经历由某种情绪状态所带来的此类身体反应就像是"高速进行中的车"一样，会带来各种身体伤害。

然而，大脑的反应所带来的伤害是更加永久性的。这些高度戏剧性的时刻会让杏仁核——戈尔曼将其描述为负责控制焦虑、沮丧和恐惧等情绪的边缘系统的一个关键部分——暗示大脑的其他区域强化对这一事件的记忆。这会留下更深刻的记忆,产生新的神经"定点",在余下的一生重置大脑对类似悲剧情境的默认反应(如即时反应)——我们恐惧时可能都不知道是为什么。

"这种创伤性记忆看起来似乎影响了大脑的功能,因为它们会影响后续的学习——具体来说,影响我们重新学习如何正常地对这些创伤性事件做出反应。"戈尔曼如是说。

这和创伤后压力心理障碍症(PTSD)有相似之处。与米勒实验中的老鼠一样,他们的记忆和学习的能力发生了偏差——心理学家称之为"条件性恐惧",只是因为某些事物与过去的创伤性事件有关,启动了大脑的恐惧默认设置,把不具威胁性的事物视为威胁。

同样重要的一点是,恐惧反应是经由"神经挟持"实现的——边缘系统在遇到紧急情况时"指挥大脑的其他部位一同应急",戈尔曼解释说。这种在情绪爆发的当下所产生的神经挟持压倒了戈尔曼所谓的"思考的大脑",使人们不顾实际情况立马做出恐惧等情绪反应。

创伤后压力心理障碍

我肯定那些非常害怕失败的人患的就是创伤后压力心理障碍。过去的创伤把恐惧根植在我们心中。我们每个人都有自己的创伤后压力心理障碍症,当这一记忆被触及时,就会产生条件性恐惧和做出恐惧的反应。耶鲁大学的丹尼斯·查尼（Dennis Charney）在其发表的论文《情绪学——了解创伤后压力心理障碍症》（The Science of Emotion：Understanding PTSD）中指出，研究表明此类创伤性记忆可能发生在幼年时期，甚至是胎儿还在母亲子宫里的时候（这种创伤性记忆可能是通过母体遗传给婴儿的），所以，我们可能都不知道哪些事件会引发我们的创伤后压力心理障碍症。

此外，对那些非常害怕失败的人来说非常重要的是，创伤在这里可能是指他们受到当众羞辱的事件或是被家长、手足、老师或同龄人贬低。与严重的创伤后压力心理障碍症相比，这些创伤虽然看似不起眼，但也能产生条件性恐惧，一旦被触及就会导致神经挟持。对创伤后压力心理障碍症的研究表明，即使人们，特别是年轻人，只是轻微接触到创伤性刺激，也会给大脑的海马区（大脑中负责记忆形成的关键区域）造成永久性的损害，使正常的新细胞停止生长。这意味着我们将一直通过这一恐惧的默认设置来评价信息，制造神经挟持，做出相关的恐惧反应——这是不可避免的。

而我们的荷尔蒙只会雪上加霜。危险情况和其他会导致恐惧的心理创伤使荷尔蒙皮质醇开始分泌，而荷尔蒙的分泌与我们的童年经历有很大的关系。

"正常情况下，人们的（皮质醇）水平会随着当下发生的情况而起伏",奥利弗·詹姆斯(Oliver James)在他2002年出版的非常有影响力的家庭生存指南《他们伤害了你》(They Fuck You Up)中提到,"但是如果我们在六岁以前一直生活在高度紧张的家庭环境中(或遭遇到其他压力),那么这就像个恒温器,使我们成年后的皮质醇维持在过高或过低的水平。"

詹姆斯认为,童年的创伤使成年人的皮质醇控制系统受到了损害,该系统要么整个停止运行,使人变得缺乏同情心、冷漠无情;要么永远处于高度警觉状态,使人变得容易感到压力、愤怒、焦虑和沮丧。

那么,我们能做出改变从而抑制戈尔曼所说的神经挟持或使詹姆斯提到的皮质醇恒温器正常化吗?戈尔曼认为(据查尼引述),通过自然和自发的再学习,恐惧会慢慢消失。例如,曾被狗吓到过的孩子可以通过与另一只狗的强烈的、积极的接触来克服对狗类的恐惧心理。但是,在许多情况下,这种不信任感是不会完全消失的。创伤后压力心理障碍症会阻止自发的再学习。

创伤所产生的影响是如此深远,一旦记忆被触及,那些神经挟持就会使人做出恐惧反应。事实上,每次提醒都会使创伤变得更加严重——把童年时期由创伤性事件引起的恐惧演变为成年时期的严重的恐惧症。在绝大多数情况下,大脑都不会自然地再学习更为温和的反应,这意味着我们的学习能力受到了损害,只有通过多年的专心和主动再学习才能转移这种恐惧反应。

丹尼尔·戈尔曼和高情绪智力

当然，通过阅读戈尔曼、詹姆斯和其他作家有关早期创伤及其对情绪的影响的书籍，我逐渐相信——也许是由于幼年时期创伤性事件的影响——与具有强烈成就动机的人不同的是，那些非常害怕失败的人的情绪反应受到了损害。而且这些反应使他们做出错误的评价，对外部环境的反应以恐惧为主，从而导致消极的、自我实现的结果。

另一方面，那些具有强烈成就动机的人则没有此类消极的、自我实现的反应。事实上，具有强烈成就动机的人明显都具备戈尔曼所说的高情绪智力（即高"情绪商数"，与"智力商数"相对）。在戈尔曼看来，这种情绪能力在很大程度上决定了我们是否能获得成功（高达80%，据他推断）——因此情绪智力高的人和情绪智力低的人的成就潜力有着巨大的差异。

戈尔曼所列举的高情绪智力的能力包括：自我开始的能力、洞察他人性格的能力和与他人相处的能力。其他内在的高情绪智力的特点还表现为：对他人的关心、自我认知、控制情绪的能力、社会交往的能力、热情和投入。

当然，这些都是非常害怕失败的人所缺乏的特质。以上列举的绝大多数特质我都不具备，即便是少数几个我拥有的特质——如热情——也很容易被看成是为了掩饰我深藏的不安全感。

强烈害怕失败的人也能培养情绪智力

所以，如果我们打算培养自己的成就动机，情绪智力（或高情绪智商）就非常重要。强烈害怕失败的人需要培养他们自己在上述各个方面的技能，虽然这一目标看似很高，但并不是不可能。我们也许强烈害怕失败，背负着随之而来的各种负荷，但是我们的情绪智力是可以培养的，不管我们的恐惧和不安全感是多么的根深蒂固。我们只需学习。如果分割来看，戈尔曼所提的各种特质对强烈害怕失败的人来说都是可以实现的：

自我开始的能力——自我开始不单单是找到方向（见第二篇），还要知道如何迈出第一步（见第三篇）和在面对挫折时继续前进。强烈害怕失败的人在这方面需要帮助，但这种帮助唾手可得。

洞察他人性格的能力——对他人的正确认识首先来源于你对自己的情绪以及你自己和他人的目标的认识（见第四篇）；其次源于你目标明确、成熟、追求双赢的结果。当然，如果我们实现自己的目标，我们就可以帮助他人实现他们的目标，这样，人与人之间就不会有那么多争斗（不过，正如我们即将看到的，持续的进步可能意味着实现这一目标的顺序要有所颠倒）。

与他人相处的能力——大部分强烈害怕失败的人都不擅长处理人际关系，但是如果他们能消除长期以来一直困扰他们的心理障碍，那么他们对他人的评价就会积极得多，这会让他们在处理人际关系时更加轻松（见第四篇）。

对他人的关心——同上。尽管我们觉得拥有强烈成就动机的人更能表达他们的善心，但是，如果我们树立有原则的、坚定的目标，并朝着这一目标努力前进，那么我们也能像他们一样。

自我认知——我们正在快速地了解自我。

控制情绪的能力——如果我们意识到那些神经挟持都是基于错误的评价和设想之上，那么我们可以学着在更加积极的评价的基础上改进我们的反应——希望在神经挟持发生的时刻能及时控制我们的反应。尽管我们背上的那只"猴子"不会消失，但我们可以消除它可能带来的负面影响。

社会交往的能力——这是具有强烈成就动机的人所与生俱来的能力，值得我们学习。一旦我们认清了自我、目标明确，掌握了关于动机、任务处理和人际关系处理的一些技巧和习惯，就没有什么社交技巧能难倒我们。

热情和投入——如果我们朝着正确的方向前进，那么我们的热情和投入就不再是用来伪装的面具。

控制我们对外部刺激的反应

然而,我们现在的首要问题是如何在神经挟持发生时控制我们对外部刺激的反应——换句话说,如何克服我们对失败的恐惧所表现出来的各种症状。不论是愤怒、沮丧、焦虑还是压抑,正是这些对外部刺激的反应导致了很多我们不愿意看到的自我实现的结果。

因此,如果我们能明白自己的感受,以及为什么会有这种感受,那么我们也许能够开始学习如何改善我们的反应,改变那些会带来消极后果的行为。这可能很难,下文也不是随便说说的,但是自我认知可以帮助我们更加积极地思考,而这可能——在一段时间内通过许多微小的自我肯定的步骤——改变我们对外部刺激的反应,或者至少减轻这些反应对我们的影响。

也许最容易让人理解的对外部刺激的反应也是最极端的:愤怒。愤怒是恐惧的姊妹,因此,如果说恐惧是深藏在内心的"灰姑娘",那么愤怒就是它那吵闹、骄傲和极具威胁的姊妹。就情绪而言,愤怒是最明显也是最具破坏力的,因为愤怒不但会使我们的情绪失控,也会使我们的行为失控——有时候在短短数秒钟之内就能让长期以来富有建设性的、坚定的行为化为乌有。

"没有其他情绪——焦虑、忧郁甚至爱——能让我们完全失控。"医疗从业者卡尔·塞马尔罗斯（Carl Semmelroth）和心理学家唐纳德·史密斯（Donald E.P. Smith）在2000年出版的《愤怒的习惯》（*The Anger Habit*）一书中写道。

此外，愤怒不单单是单纯的发狂。如塞马尔罗斯和史密斯所注意到的那样，批判性的想法、复仇的念头和对他人行为的猜疑都可能导致愤怒，表现为勃然大怒、满脸怒气或强压内心的怒火。

通过愤怒来掩饰和控制

克服愤怒的一个方法是明白发怒的目的。愤怒往往是一种掩饰的行为，用于掩饰我们内心的负罪感、迷惘、痛苦或很有可能是恐惧。

美国家庭咨询师卡罗·琼斯（Carol D. Jones）在她2004年出版的《克服愤怒》（*Overcoming Anger*）一书中写道："告诉自己你在生气要比说你很伤心、迷惘、痛苦或害怕容易得多。"

承认这一点非常了不起，人们很可能会将这一发现运用在很多强烈害怕失败的人身上：这不是愤怒或愚蠢，而是恐惧。

愤怒在很大程度上是一种外在的表现，这一事实提醒了我们愤怒的另一主要目的。《愤怒的习惯》一书指出，愤怒往往是对试图控制他人的尝试。愤怒的人认为自己处在权力的争夺战中，并正渐渐失去优势（所以会感到恐惧）。因为事情的发展出乎他们的意料，所以他们试图通过高压手段改变这一情况。

"愤怒让我们知道我们正在准备强迫他人或自己服从某种预期。"该书的作者评论道。

《愤怒的习惯》和《克服愤怒》这两本书都认为自我认知和自我接受是克服愤怒的关键因素。愤怒的人必须接受导致他们愤怒的根本原因不是对方的行为，而是自己的核心信念、内在的恐惧感和缺乏信心。

然而，激励学大师安东尼·罗宾斯（Anthony Robbins）对愤怒的态度则宽容得多。在1992年出版的《唤醒心中的巨人》(Awaken the Giant Within)一书中，他认为愤怒和其他情绪一样，是一种"行为信号"。他声称，如果我们"将这种强烈的情绪转化为目标明确的兴奋感和热情"，那么愤怒也可以起到积极的作用。许多愤怒的人觉得自己被困在恐惧和沮丧的循环中，他们的愤怒表明了他们希望能打开这一牢笼，获得更多回报。虽然动机是好的，但是拼命摇牢笼并不能帮助我们实现目标。我们需要从长计议，找到打开牢笼的钥匙（见第二篇）。

沮丧和焦虑

当然这将我们直接带入下一个话题——沮丧，愤怒的孪生兄弟。安东尼·罗宾对此也发表了很多看法。他认为沮丧是一种令人兴奋的行为信号，因为我们会感到沮丧事实上是因为我们内心觉得我们可以也应该比现在更好。沮丧的情绪说明我们必须改变方式方法才能找到解决方案。在这一点上，沮丧和失望大相径庭。失望更像是被动地承认我们的失败，认定我们永远不会成功。

另一方面，愤怒的情绪比较没有那么容易驱散，事实上，愤怒是创伤后心理障碍症的一种症状——对反复引起恐惧的事物的长期反应。正如我们所见，这种刺激会使我们逃避那些可能会造成恐惧的场景，哪怕只是一想到可能出现此类场景就会使我们感到焦虑。然而，格伦·希尔奥尔德（Glen R. Schiraldi）在《创伤后心理障碍症资料集》（*The Post-Traumatic Stress Pisorder Sourcebook*）（2000年）中指出，焦虑的人在某些条件下甚至会对他们为了逃避恐惧而使用的技巧或转移注意力的事物产生恐惧。

例如，上文提到的那个怕狗的孩子在想到可能会遇到类似的狗时就会变得焦虑——可能是在公园里或是小径上——也许会因此而改变上学的路线，但最终这条新路线也可能会让他想起原来的创伤而再次变得焦虑。对阿特金森口中的那些强烈害怕失败的孩子来说，这种在焦虑情绪下做出的行为对他们避免恐惧是没有什么帮助的。

要打破恐惧和担心自我实现的怪圈并非易事，而且往往需要专业人士的帮助。但是，正如希尔奥尔德所说，我们可以学着面对我们的焦虑，接受自己的情况，接受治疗，建立防卫"边界"，避免"会再次受创的行为"（如酗酒）。

此外，我们还可以一步步减轻焦虑感，如逐渐学习关注积极的方面，不要试图纠正以往的错误（复仇的想象只会加剧而不是减轻焦虑），逼自己对任何可能引起焦虑的情况（但愿能在这种情况发生之前）做出客观的评价——以上都是戴尔·卡耐基（Dale Carnegie）推荐的方法。卡耐基是20世纪自我完善领域最著名的作家，其代表作包括1948年出版的《人性的优点》（*How to Stop Worrying and Start Living*）。

抑郁神偷

说到抑郁，爱尔兰心理学家托尼·贝茨（Tony Bates）在《理解和战胜抑郁》（*Understanding and Overoming Depression*）（2001年）一书中写道，"抑郁像小偷一样偷走了人们的能量、活力、自尊和他们之前可能经历过的所有快乐"。

抑郁的典型表现包括始终被悲伤的情绪笼罩、无精打采、注意力不集中、记性不好、对以前喜欢的活动失去兴趣、失眠、食欲不振。抑郁在很多方面与愤怒截然相反。抑郁是由挫折感和畏缩所产生的情绪反应，相比之下，愤怒显得更为积极。

但贝茨所建议的治疗抑郁的方法与我们帮助那些害怕失败的人的项目有着异曲同工之妙。其中关键的一步是发现根本原因,如负面的童年经历、严苛、爱贬低孩子、有强烈控制欲的父母,或其他导致自卑的根本原因。此外还要了解那些负面的思想是怎么演变成抑郁的。贝茨认为,我们可以通过更加积极的思考来克服这些负面思想,从可行的点滴小事做起累积正面的能量。

"战胜抑郁重要的是过程而不是结果",贝茨曾说道。这和本书关于害怕失败和自卑的观点不谋而合。

相比之下,罗宾在抑郁症这一问题上更加直言不讳。他认为抑郁症患者是咎由自取。

"要变得抑郁",罗宾在其影响深远的著作《激发心灵潜力》(Unlimited Power)(1987年)中指出,"人们必须先形成某种特定的生活观"。

他指出,这不是件容易的事,这和我们内心的想法、情绪、行为举止甚至呼吸都有关系,也包括通过不良的饮食习惯和过度饮酒来影响正常的血糖水平。

"有些人经常让自己陷入这种状态,所以他们很轻易就能做到。"罗宾指出,很多人会觉得这种状态就是他们最舒服的状态,因为他们能以此获得他人的同情和同龄人对他们的宽容。但他同时也指出,我们变得抑郁是我们自己一手造成的,因此,我们有能力也应该努力使自己摆脱这种状态。

负责

罗宾的这种怒其不争的态度并非无情的表现,相反这为那些想要培养成就动机但又强烈害怕失败的人提出了一个非常重要的概念。我们必须对自己所有的思想、行为、情绪和对外部环境的反应负责。这是成就动机的核心思想,也是我们必须掌握的一点,如果我们继续因为现状和我们的反应而怨天尤人(父母、兄弟姐妹、同龄人或老师等),我们将不可能取得任何进步。

不管你有着怎样的经历,除了你自己,没有人能为你的行动、行为、想法、判断和反应负责。怨天尤人只是不作为的借口,而负起责任是将那些恐惧、沮丧、愤怒或抑郁等情绪变得更加积极的最快的方法。

在《高效能人士的七个习惯》(*The Seven Habits of Highly Effective People*)(1989年)中,史蒂芬·柯维(Stephen Covey)明确指出,任何想要完善自己的人都需要对自己在任何情况下的反应负全部责任。在这本励志学领域最有影响的书中,柯维提出,"重要的不是我们经历了什么,而是我们是如何应对的",这很可能是全书最重要的观点。

他写道,"人们可以选择刺激还是反应"。这个观念非常重要,所以我认为有必要再解释一遍以加强记忆(柯维还写道,"通过选择我们在面对不同情况时所做出的反应,我们深刻地改变了我们所处的环境",这句话也同样令人印象深刻)。

换句话说,我们无法对那些影响我们生活的外部力量负责——或者说,我们无法对那些在童年时期影响我们人生观的事情负责,但是,作为成年人,我们对这些外部力量的看法、我们受其影响的程度,还有最重要的,我们应对的方式——在这些方面,我们负有100%的责任。

解决的方法不是把责任(或者用柯维的话来说叫"反应能力")都推到他人和环境上,而是要接受责任。对我们过去的失败和现在所处的困境——甚至是我们的情绪——负起责任,这能使你的心灵获得极大程度的解放。想象一下你对现在的自己——甚至包括自己内心的情绪——负有100%的责任,这听起来可能很可怕,事实上这也令人很不舒服,但同时这也能让你感觉自己充满了能量。因为这意味着你对自己的未来负有100%的责任,未来就掌握在你的手中。

关注现在和未来

负起责任是通往成就动机道路上的一大飞跃——重新获得韦纳所提出的"控制点",即使现在的自我认知仍是消极的。(柯维也强调我们可能必须接受从消极的评价开始)。

另一个飞跃是认识到同样重要的一点——到我们读到这一句话之前都已经成为过去了。我们无法改变过去。

"让过去成为过去,关注未来",戴尔·卡耐基曾说过(1948年)。事实上,他曾写道,"紧闭昨天的大门,它们只会带领愚者走向尘封的死亡",但现代读者可能不喜欢这种表达方式。

卡耐基认为过去和对过去所犯错误的执着是导致焦虑的一个重要原因。同时,这也是为什么那只"猴子"总能胜出,因为它一直用过去的失败来说明未来也同样会失败。

但这只"猴子"在撒谎,因为它不可能知道未来的情况。正如过去是无法改变的一样,未来是无法预知的。因此我们可以选择带着恐惧的心理面对未来——听那只"猴子"的话——或者将过去看成是现在和未来的借鉴。

首先,我们要对自己的行为和情感负责,其次,我们要接受我们无法改变过去这一事实,如果能做到这两点,那么我们事实上就已经掌握了现在,这会让心灵得到极大的解脱。

"条件性恐惧"引起"神经挟持",从而导致恐惧的产生。这种"条件性恐惧"可能是由童年的创伤性事件引起的。为了完善自己,你必须接受这一点,并对自己在受到刺激时所产生的反应负全部责任。

第三章 失败的积极意义

失败有可能是正面的吗？当然，只要我们决定以积极的心态来看待失败。如果你将失败视为成功道路上的一个里程碑或教训，那么它就会成为你成功道路上的一个里程碑或教训；相反，如果你将其视为对自己性格完全否定，那么结果也很可能会是这样。

我的写作"生涯"很好地证明了我们对失败的态度是如何自我实现的。与大部分人不同的是，我在银行业工作的最后18个月是在格林威治和康涅狄格州度过的，在这期间，我开始记述自己作为一个英国的单身汉在纽约的生活。我利用晚上的业务时间写作，很快就写了大概六万字，并开始寻找文学经纪人。后来，奇迹发生了（事实上，我进行了认真的研究和大量的游说），我找到了业内最有威望的一位文学经纪人，他帮我和英国最大最有威望的一家出版商谈成了一项出版协议。

我感觉像是中了大奖，兴奋地在上西区的公寓里欢呼雀跃，好像我的人生从此就会变得不一样。我当时的目标是成为一位周游列国的幽默作家。尽管现在回过头来看会觉得有点儿傻，但当时犯傻的不止我一个人。我当时的文学经纪人和那家出版社都说我的书卖得很好，但我还是失望地发现我的书并没有达到几十万的销量。事实上，这是造成我写作生涯失败的一个关键原因——我对图书出版一无所知，因此也就不知道如何调整自己的预期。

失败与否在于各人的解读

我的作家梦最后破碎的原因是因为我相信我已经失败了。但无论如何，在我30出头的时候有一家大出版社愿意出版我的带有自传性质的第一本书，这本身就是我在写作道路上迈出的非常大的一步。当然，这本书的销量不如我的预期，但我从中学到了一些营销方面的教训，包括要确保出版社在发行方面的下足力气，以及让作者对销量抱有符合实际的预期。

但我没有想到这一点，而是将其视为一次完全失败的经历，因为我没能"突破"，也没能像尼克·霍恩比那样一鸣惊人。我在心里将这次未能一举成名的失败理解为是对我内在不足的反映。至于教训，吸取教训又有什么意义呢？我已经搞砸了我唯一的机会，因此也不会有机会落实这些教训了。

在这种情绪的影响下，我的行为也发生了改变——我变得无法理性地处理和出版社以及经纪人的关系——当我在写第二本书不可避免地遇到创作瓶颈时（之所以不可避免是因为我已经没有了写第一本书时候的自信），这种情况就更加雪上加霜了。很快我就被踢出了作家的队伍。

当然，我现在知道我当时的行为是典型的非常害怕失败的人的表现。面对同样的情况，有着强烈成就动机的人会花时间巩固已经取得的成就，控制营销，培养合适的人才，并对下一本书的题材进行深入的研究。这不仅仅是处女作，这本书的内容应反映出我未来写作的理念（而不是出版社的理念，因为作者与出版社对潜在读者的预期可能不一样）。如果这本书没能成为畅销书呢？我们不能指望第一本书就能让我们一夜成名，但我们可以从这次的经历中学习经验教训，为以后更大的成功做准备。

然而，那些强烈害怕失败的人会认为成功是遥不可及的，马上就会做出不适当的、具有破坏性的行为，并且在现实中放弃自己对这一项目的控制以及这一项目的未来。当然，一旦我们发现结果未能达到我们不切实际的预期，我们马上就会崩溃——责怪自己太笨，把目标定得太高，最后得出结论：我们是废物，永远只能处在底层——但我们没有意识到我们从许多的结论中选择了这一结论，还有其他一些结论不是否定的。

与自卑的联系

正如前文所说,上文中对失败的理解是强烈害怕失败的人具有的典型的观点。这也反映出他们身上不容忽视的一大性格特征:自卑。当然,害怕失败和自卑是两种不同的痛苦:害怕失败对我们的行为具有毁灭性的影响(使我们的行为发生改变),而自卑则会扭曲我们的信念(导致消极的评价)。但是,和害怕失败一样,自卑也是自我实现的一种心理状态——使我们产生消极的世界观,并在外部力量的作用下让我们变得越来越自卑(如我们一定会失败或我们一无是处等)。

尽管不是所有强烈害怕失败的人都自卑(反过来也一样),但害怕失败和自卑之间显然有着密不可分的联系。它们彼此如影随形,相互滋长,如果任何针对强烈害怕失败的人而设计的自我完善项目忽视了自卑的心理,那就会变成不可弥补的严重缺陷。

和恐惧一样,自卑感也源于我们幼年时期的经历,并在我们成年后通过别人的教导、我们的经历以及我们对这些信息的解读等而得以增强。这种反馈——以及父母、老师、兄弟姐妹、同龄人无条件的爱和接受(或完全相反)——塑造了我们内心的信念、看法、结论和对未来生活的预期。

当然，这种自我认知也有可能是扭曲的。约翰·考特（John Caunt）在 2003 年出版的非常实用的《提升你的自尊》（*Boost Your self Esteem*）一书中写道，没有人能完全不带偏见地观察自己。误解、遗漏和夸大都可能会扭曲我们的自我认知，使我们变得自卑。同样的信息，如果呈现的方式不同，那么人们得出的结论可能也会完全不同。事实上，许多成功人士都很自卑，认为自己所取得成就微不足道，但却忽视了这一事实：他们的这些成就足以令他人肃然起敬。

"一个人的能力高低和自尊心的强烈程度没有必然的联系"，考特写道。

考特提出，我们的生活不是由生活里发生的事件决定的，而是由我们对这些事件的反应决定的（与柯维的观点不谋而合），"而我们的反应在很大程度上取决于我们对自我的认知。"

但考特认为，我们可以改变我们的观点。我们已经形成了一套观点，并赋予其非常重要的意义，因此我们完全可以再来一次。我们可以创造属于自己的现实，用考特的话来说，我们甚至可以操控我们的想法。在过去的人生中，我们消极地操控了我们的想法，使我们变得自卑，那么为什么不使这些想法变得更加积极呢？

重组失败

在我看来，这件事说比做容易。固定或默认设置意味着任何新输入的想法或信念都会水土不服，导致挫折或失败，而这些挫折和失败会进一步佐证原来的设置才是正确的。恐怕那只"猴子"没那么容易换班。

不过，也许我只理解了考特的字面意思。如果我们试着重组消极的影响，而不试图改变我们内心的信念或默认的设置，从而软化甚至改变它们对我们的影响，那又会怎样？在本书的第四篇，我们将讨论重组那些导致自卑的消极的想法，那么失败呢？我们是否可以重组我们对失败的看法——也许甚至对失败进行重新思考，将其视为人生道路上不可或缺的一部分？这是否会改变我们看待失败的观点——甚至可能有助于减少我们对失败的恐惧？甚至可能帮助我用更积极的角度看待我写作生涯的失败？

也许。如前文所述，那些极度害怕失败的人会想方设法避免在别人面前丢脸，包括回避那些可能导致失败的结果的任务或职业。但是，如阿兰·德波顿（Alain de Botton）在《身份的焦虑》（*Status Anxiety*）一书中写道，如果人们对待失败不是那么严苛，那么人们就不会对失败感到那么恐惧。这个世界不同情失败，那些遭遇失败的人被归类为"失败者"——在德波顿看来，这个词"无情地指出，这些人失败了，与此同时也丧失了获得他人同情的权利"。

客观地看待失败

这很难，但这是真的吗？基本上，这当然是真的。即使是朋友遭遇不幸，我们尽管表面上若无其事，但内心免不了要窃喜一番；而如果不幸是发生在我们的对手或敌人身上，那我们就大可不必掩藏自己内心的喜悦了。有多少聚餐都是在八卦共同认识的朋友的不幸中愉快地度过的？

在研究灵长动物学的专家看来，这种幸灾乐祸的表现是一种典型的竞争行为。这虽然能说明我们交友不慎，但这更说明我们把失败看得太个人化了。如果我们把个人的失败和公司或组织的失败进行换位思考，我们的态度就会发生翻天覆地的变化。这是因为公司不是个人，公司把个人和机器聚在一起完成一个往往是高度专业化的共同目标。

换句话说，公司只是个项目。项目的失败也许会伤及项目成员的声誉甚或自尊。但这绝不会对个人造成致命的打击——只是项目本身失败了，而参与项目的个人大可重头再来，虽然会受点伤，吃一堑长一智，但肯定不会永远活在项目失败的阴影下。

而如果我们也用同样的方式来看待个人的失败，那么也许能减轻失败给当事人带来的毁灭性的打击。尽管不能完全消除失败的痛苦，但我们肯定能减轻某一单独或一系列挫折对我们自我认知的消极影响。绝大多数强烈害怕失败的人认为任何失败都是绝对的，认为每次失败都证明了他们的无能和不可救药。但是，我们将个人的失败看作一个项目，将其视为单纯的结果，我们也许能从失败的痛苦中学到什么，或者至少不被失败的痛苦所折磨。

举例来说，我在写作上的失败是因为我选择将其视为"失败"。如果换作是那些有强烈成就动机的人，他们会认为能出版书就是迈出了成功的第一步，接下来要考虑的是如何写好"第二本书"，而不是纠结于第一本书的"失败"，认为自己注定不能当一个作家。事实上，他们会从中吸取教训，意识到虽然这一项目有着明显的缺憾，但写书生涯并没有就此结束（毕竟我获得了伦敦最负盛名的两家文学机构的青睐）。正是我那消极的自我认知使我认为这是我写作生涯的终结。

不管那些强烈害怕失败的人怎么想，失败从来都不是绝对的。安东尼·罗宾相信留得青山在，不怕没柴烧。所以，为什么要把失败看得这么个人化呢？难道失败不是在各种条件作用下的一种结果吗——有些条件是我们所不能左右的？

对那些强烈害怕失败的人来说，用这样的方式看待失败是非常困难的，因为这要求我们像那些具有强烈成就动机的人那样思考，从失败的经历中吸取教训，调整自我，相信实现目标不但是可能的，还是指日可待的，甚至是不可避免的。他们不需要客观地看待失败，因为首先他们根本不会把失败个人化。既然他们知道成功已经指日可待，为什么还要把失败个人化呢？

但是，那些强烈害怕失败的人需要辅助工具才能明白这一点，其中就包括客观地看待自身的进步或失败。如果我们将自己视为一家公司，如"我有限公司"，"我股份有限公司"，而不是单纯的我，将我们的进步视为一个项目，那么我们应该能使失败落到其应该在的位置上：只是一个单纯的挫折，而不是对我们自身价值的最终否定。

改变观念：公司的失败

公司看待失败的观念已经发生了变化。汤姆·彼得斯（Tom Peters）也许是全世界最知名的企业管理大师，在其著作《追寻卓越》（*In Search of Excellence*）[1982年与罗伯特·沃特曼（Robert H. Waterman）合著]中，他引用了如强生集团的管理者等资深行业人士和工程大帅爱默生等的话，他们对失败的种种好处不乏溢美之词，更认为失败是领导力的必修课。

事实上，很多成功的企业管理者都十分重视失败的经验，也都乐于谈论这一话题：

"成功不是建立在成功的基础上的,而是基于失败、沮丧,有时甚至是灾难的基础上。"——萨默·雷石东(Sumner Redstone),MTV、CBS、梦工厂、派拉蒙影业等公司的大股东。

"经历失败让你变得更有自信。失败是很好的学习工具。"——杰里米·伊梅尔特(Jeffrey Immelt),通用电气公司董事和首席执行官。

像这样的名人名言不胜枚举。

一些最富创新精神的公司甚至将失败作为其商业模式的一部分。据汤姆·彼得斯介绍,在3M公司(拥有即时贴等多项发明),产品经理可以放手开发、运营各项发明,即使失败了,他们的职位也不会因此而受到威胁。

1994年,汤姆·彼得斯将其在各类研讨会上的发言结集出版,即《疯狂的时代呼唤疯狂的组织》(*Crazy Times Call for Crazy Organizations*)。在这一书中,彼得斯进一步阐释他的观点,批判那些在失败面前裹足不前的老板,而赞扬那些勇敢迎接失败的老板。

在谈到理查德·布兰森(Richard Branson)时,彼得斯引用其出版商约翰·布朗的话:"布兰森成功的秘诀在于他所经历的种种失败……他不断尝试,虽然经历了多次失败,但他完全不在乎,而是再接再厉。"

汤姆·彼得斯认为,失败本身不是问题——完全不是。

失败是绝对必要的。对失败的恐惧——不管是前台还是首席执行官——才是公司瘫痪的主要原因。为了克服这一点,彼得斯建议在企业中建立失败文化。当然,如果是小失败,这没有问题,但彼得斯并不满足于小失败——必须时不时地经历一些"重大的、莽撞的、令人难堪的、丢脸的、公开的"失败。彼得斯认为,如果公司没有时不时地出下丑,就会变得自以为是,继而不再成长。

"败得更出彩"

虽然这更难为人们所接受,但至少能让我们在遭遇挫折后继续前行——让我们从中吸取教训,把目光放在最终目标上。在这一点上,最常为人们引用的名言来自发明家托马斯·爱迪生(Thomas Edison)(其发明包括从灯泡到人造橡胶等)。

"我没有失败,"在多次发明失败之后,爱迪生如是说道,"我只是找到了一万种行不通的方法。"

这和安东尼·罗宾斯在《激发心灵潜能》(Vnlimited Power)一书中的观点不谋而合。罗宾认为,人生中没有失败——只有结果。如果结果不如预期,那么我们应该从这一经历中学习,在未来做出更好的决定。事实上,这给汤姆·彼得斯提了个醒:失败本身——在刚发生的时候——是毫无意义的。关键是要从失败当中学习。要全身投入,犯错，认识到错误，从错误中学习，继而再重新尝试。

另一句常被人引用的名言出自塞缪尔·贝克特（Samuel Beckett）所著的《最糟糕，嗯》（*Worstward Ho*）（1983年）："一次次尝试，一次次失败，但即使失败，败得更出彩。"

关键不在追寻失败，而是不要害怕失败：将失败——即使是个人的失败——视为一种经历。

对那些强烈害怕失败的人而言，这一认识非常重要。在很多时候，失败往往是由我们对失败的恐惧和由此带来的行为变化而造成的，在遭遇挫折的时候——而挫折是不可避免的——我们必须让自己认识到，这并不是结局。失败只是一种结果，但不是最终结局。事实上，如果我们能从中吸取教训、重整旗鼓、吃一堑长一智（"败得更出彩"），这一结果未必是坏的。

如果这些挫折让我们觉得自己一无是处、非常糟糕，那是因为我们自己要这么认为的。只有当我们自己吹响了终场哨的时候，这一结果才是不可改变的。但终场哨在我们手中，我们什么时候想吹都行。

你可能很容易将暂时的挫折视为最终的结局。但是，只有当你认为失败是不可改变的，失败才会变成最终结局。事实上，大多数失败都为我们提供了积极的学习经验，帮助我们获得更大的进步。要认识到这一点，客观地看待失败是非常重要的。

第四章　改进你的反应

英国的国家医疗服务体系是一家庞大的医疗服务机构,但其创始人肯定想不到有一天它会成为治疗不列颠和北爱尔兰居民的自卑心理的主要机构。但不可思议的是,就在我的写作生涯遭遇挫折后不久,我被送到了这里:在伦敦的一家性诊所进行心理治疗。

一些较富有创新精神的英国国家医疗服务体系的信托组织已经认识到,许多性健康疾病是由自卑心理引起的,这在年轻人中间尤为如此。据他们分析,自尊较强的人为了实现自己的长期目标,会维持稳定的关系(即使他们也会定期地更换长期伴侣),而自卑的人为了获得低层次的性满足,会尽可能寻找更多的伴侣——而后者最终往往都要接受治疗。

尽管我去接受治疗的原因与他们不尽相同,但我还是与心理治疗师进行了一对一的交流,我们谈到了我童年时期与父亲糟糕的关系,以及在我十岁时父母离异给我造成的创伤。从我与那位女心理治疗师的对话中，我发现这件事使我一直害怕被比我年长的人（代表我父亲）和同龄人（代表我姐姐，当时我姐姐和我父亲一起离开了）拒绝。

认知行为疗法

这些疗程很快就结束了，我从国家医疗服务体系的怀中转而投身另一更富建设性的项目。有人建议我参加一个认知行为疗法项目，我的心理治疗师一开始似乎也是这么想的。顾名思义，认知行为疗法是一种行为方法论，将我们的思想、感情和行为联系起来，从而试图阐述更为积极的结果。英国国家医疗服务体系的多家信托组织已经敏锐地察觉到，认知行为疗法适用于那些遭受焦虑、忧郁、惊慌、恐惧、压力和创伤后压力心理障碍的人。

通过认知行为疗法，一个个问题被分解成想法、情绪、身体感受和行为，从而试图使消极的思想变得积极。我拿到的文献里有这么一个例子：一个熟人在街上对你视而不见。消极的反应是：思想［他无视我，因为他（她）不喜欢我］；情绪（拒绝、悲伤、丧失自信）；身体反应（无精打采、压抑、生病）；行为（躲避、孤立）。

相对的，积极的反应是：思想［他（她）心不在焉，肯定出什么事了］；情绪（关心）；身体反应（无）；行为（与此人联系看是不是出什么事了）。

你可能已经猜到，我没有参加这一课程。为什么？因为我觉得当时我需要的是时间，我当时有点过于情绪化了，而按照上述的例子，我只会遇到更多的不如意。虽然我对心理治疗没有疑义，但情况还没有糟到我必须要依靠由国家资助的小组治疗项目的地步。

当然，上述的种种感情和思想都是非常不恰当的，几乎就是一个强烈害怕失败的人在面对挑战的时候的典型反映。我因为害怕认知行为疗法会失败，所以才拒绝参加——出于自尊才找了个借口。因为如果我要真是这么想的，我早就去接受一些整天忧心忡忡的专业人士的治疗，或者看我的治疗师是否能够帮我摆脱国家医疗服务体系。

写日记

但不管怎样，那份有关认知行为疗法的文献却确实在一夜之间改变了我的看法。其中一页提到了一小点：认知行为疗法——所需要做的工作。里面提到："治疗师可能会让你写日记，以记录自己的模式、想法、情绪、感受和行为。"

巧的是我当时受够了糟糕、压抑的情绪，想知道饮食习惯的改变是否能改变我的情绪，因此开始在供应商提供的日记本上写日记，一周一页。我开始观察每一天、每周、每个季节甚至是每个月亮周期（在好点的日记本上更容易记录）自己的不同情绪。很快，我就不仅仅只是写"情绪"，而是会添加如"自我厌恶"或"被激怒"等描述性词汇。

但是，有关认知行为疗法的文献把记日记提高到了一个全新的高度——记录自己的感受、为什么会有这种感受以及如何回应这种感受。于是，我买了一本 A5 大小的日记本，开始每天一页地记日记，并很快上瘾。我发现记录自己的情绪能帮助我对这些情绪进行理性分析。虽然神经挟持仍时有发生，我在纸上的记录也时常能反映这一情况，但似乎只要我一开始将其诉诸笔端，它们就烟消云散。

我曾偷偷地在励志书区驻足，注意到几乎所有励志书都建议读者记日记，或者用美国人的话来说——写"日志"。尽管在关于该记录什么的问题上标准不一，但大部分都包含了以下几大内容：

情绪　愤怒、抑郁、沮丧和受伤等情绪。目的是尽可能明确地记录你当时的感受。所以，如果你觉得"约翰逊又来了，那个白痴偷了我的主意，他自己根本想不出来，却可能会变成我的老板，啊啊啊"，那就把这一想法写下来。

写完之后，在下方留点空白，以便日后回顾和评论，比如"后来约翰逊告诉了老板这是我的主意。他是个好人，我一开始干嘛这么生气呢？""我要让约翰逊明白——我对他的感受是不理智的，这对我和我的行为都不利"，"我还是很生气，但感谢上帝，我只在这里发泄，没让整个五层都听到我的不满。"

障碍 "不论你准备得多充分,"安东尼·罗宾斯说过,"你在人生之河中都免不了碰到些礁石。"而日记本则是你可以记录这些"礁石"并试图想办法绕过去的地方。把问题写下来有助于你理清思路,平复情绪。

目标 我们在"第二部分"会讲到大的目标,而日记则是为小目标服务的。下一步是什么?要多长时间?我要给谁打电话计划下一步?事实上,这是日记最重要的功能——使日记成为记录那些细小、正面的点滴成绩的重要工具。如前文所说,强烈害怕失败的人需要绘制一张显示自己进度的地图,而日记就是那张地图。

结果 下一步进行得如何?那通电话是否取得了预期的效果?如果是,那是因为什么?下面呢?如果没有,又是因为什么?哪里出了问题?接下来呢?

控制替换行动 我曾试着记录我的饮酒量,但当我发现我喝太多的时候我就用写日记来记录每周的饮酒额度还剩下多少。当这也失败后,我戒了酒,每天在日记本上的那一角里写上"零"。如果我花太多时间上网或看电视,我也会记录下来——同样也是警告自己。

自我鞭策 看过我日记的人(老天保佑千万不要有人看到我的日记——这可是最隐私的文件了)都会讶异地发现我对自己有多苛刻。但这恰恰是关键。强烈害怕失败的人对自己一直都很苛刻。我不是让你不再苛责自己,但是这种苛责要富有建设性。任何苛责都要包括"学到的教训"

和切合实际的未来将采取的做法。

自我激励　此外还要记录自己的每一次胜利。我会把让我高兴的事情打上钩。大脑中新的、更加积极的神经通路是由沿着正确方向的点滴努力积累而成的。长此以往，你会变得更有自信，取得更大的成就。这一过程令人振奋，但要让这点滴的努力变得细水长流必须要将其记录下来。

经历　我喜欢重读我结婚当天、我大儿子出生那天、二儿子出生那天以及大儿子住院那天的日记。这些日记记录了我生活中的起起落落，当我回首往事的时候，不会再像强烈害怕失败的人那样只会想到不好的事。我可以诚实地说，从我开始记日记到现在是我一生中最好的时光——我认为写日记不但帮我记住了过去的岁月，而且还成就了今天的我。

如果你觉得写日记是种令人尴尬、俗气、麻烦或幼稚的行为，好吧，但不管怎样你都要克服这种情绪坚持写日记。如果你现在就放下本书——没关系——请务必开始写日记。这是改变自己最有效的方法。

扭转由神经挟持产生的消极反应的重要一步是用日记记录、评价你的想法，此外，日记还能帮助你规划、记录自己的进度。

第二篇

目　标

第五章 行　动

在第一部分我写道：史蒂芬·柯维的《高效能人士的七个习惯》一书最重要的一句话是我们对事件的反应比事件本身更加重要。紧跟着的还有一句话："积极主动，否则就会受制于人。"

柯维接着指出"积极主动和消极被动之间有着天壤之别"。

这是所有励志书籍都会给出的另一建议。它们似乎都同意如果我们不积极主动，我们就会迷失方向。而正如承担责任一样，这既让人沮丧也让人释然。取得进步的关键是我们自己要采取行动——而与那些或喜欢或不喜欢、或同情或不同情、或关心或不关心我们的人无关。

我们不必再等骑士来拯救我们，我们就是自己的骑士。能够主动地行动意味着我们不再受制于人。我们不再是别人的工具，也不会再受到他们行为的制约。我们的行动才是重要的，而不是那些高高在上的人、"救世主"、父母、老师、老板或朋友的行动。一旦我们行动起来，我们就是——

很可能是第一次——以成人的方式表达自己。

因此,积极主动是培养强烈成就动因的重要一步。但是,柯维也告诫我们,主动思考和正面思考是截然不同的。要变得积极主动,我们就要以事物本来的面貌来评价它们,而这也许是它们最不好的一面。但事物是什么样就是什么样,无需美化。但与此同时,我们也表明了我们有能力、也有意愿做出改变。

影响范围

但是要改变什么呢?为了追求效率,我们需要为积极主动画出界限。所幸柯维通过心理分化为我们画定了这些界限。要变得更高效,我们需要把精力集中在对的事情上。在柯维看来,所有生活中的外来因素都是我们关注圈的一部分。但是,有些因素完全是不受我们控制的,如天气、交通、政府或大公司的行为等。

而对关注圈内我们所能施以影响的因素——如我们的幸福、工作和家庭生活——柯维将其划为我们的影响范围。显然这一范围要小得多,但我们所有的行为都应围绕其展开。如果想改善自己的生活,那么就应该只关注那些可以改变的事——即影响范围内的事物——而放弃那些物质上或精神上无法左右的方面。

柯维称,消极被动的人整天都因那些被他们视为故意针对他们的力量而感到愤慨、无助（甚至是受到迫害），但当然，他们对其也无可奈何。而积极主动的人只关注他们影响范围内的事物，改变可以改变的。

目标是将人与人区别开的重要因素

在认识到必须采取行动并且在面对可能采取的行动时，我们需要对行动加以指引。只要方向正确，任何一步都使我们更加接近目标。而这需要我们加以计划。如果没有目标清晰的规划，我们就会失去方向，要么停滞不前，要么陷入死循环。

销售培训师布莱恩·崔西（Brian Tracy）在其畅销书《目标》（*Goals!*）（2003年）中写道："没有目标的人只会随波逐流，而目标会让你有的放矢。"

崔西将没有目标的生活比喻为像在雾霾中开车一样。不管汽车的性能多好，我们只能谨慎驾驶，犹豫不决，龟速行驶。而一旦有了清晰的目标，我们就能像"踩了油门"一样加速前进。

抱负外包

但对强烈害怕失败的人来说，还有比看着目标制定者一步步往前走而自己被落在后面更糟糕的情况：我们往往成为他们计划的执行者,有时候还错误地认为他们的目标就是我们的目标。这就是我和人合伙创立都会立方公司时的情形——我的合伙人发现我在银行生涯结束后失去了方向,于是找我帮助实现他的目标(我们合伙的结果是近乎灾难性的——见"第五篇")。

确实,如果没有自己的计划,我们也可以借用别人的目标。有计划的人会让别人产生信心,所以会吸引没有方向的人追随他们。如果我们都不知道自己要去哪里又怎么能做出决定呢?决定和领导力只为有方向的人而准备,而没有方向的人往往最后会觉得最好把自己的抱负——甚至是决策权——外包给那些看起来更有能力的人,这只是因为后者有明确的目标。

史蒂夫·钱德勒 (Steve Chandler) 在《自我激励的100种方法》(100 Ways to Motivate Yourself) 一书中写道:"在今天的生活中,如果你不是在努力实现自己的梦想就是在努力实现别人的梦想。除非你为实现自己的梦想腾出所需的时间和空间……否则,你将只是帮助他人实现他们的梦想。"

但是,很多强烈害怕失败的人往往会因为他人——特别是那些有强烈成就动机的人——而感到沮丧,因为这些人似乎总是一帆风顺却阻碍了我们通往成功的道路。但是,很多时候,这些人与我们之间的差别仅仅在于他们有详细的预先规划,而我们则是被那看似强大的无形力量牵着鼻子走。

灰色地带

目标还能使我们避免误入"灰色地带"——这一概念是由神经语言程序学家琳赛·阿格尼斯（Lindsey Agness）在《用神经语言程序学改变你的生活》（*Change Your Life with NLP*）（2008年）一书中所提出的。绝大多数强烈害怕失败的人都生活在"灰色地带"中：他们的生活并不穷困，反而还很舒适，但却停滞不前、郁郁不得志。除非进入琳赛所谓的"可怕区"，逼迫你不得不采取行动，不然如果甘于退而求其次，幸福就会逐渐消亡。

我还记得我曾多么渴望可怕区赶快出现——出现某些灾难性的时刻把过去一笔勾销，让我有机会重头再来。我曾称之为"虚拟自杀"。当时我以为，如果我什么都没有，那我肯定也没什么好怕的了。但是，这一天从来没有到来过，因为我从未努力让其发生。我仍陷在逃避性活动中不能自拔——只满足于"过日子"而没有规划如何让生活变得有意义和充实。当然，如果有目标，我就不用渴望"虚拟自杀"了。如果有目标，我就能找到、规划向上的道路，不必非得先置之死地而后生。

关于目标设置最棒的一点也许是：由于这一过程本身让我们如此兴奋，我们从迈出第一步就能感到某种到达的快感。除了强烈害怕失败的人以外，所有人都明白这一点，原因很简单：我们一直都不敢踏出第一步。旅行时我们也会有同样的感受。光想到要去机场，去异国他乡展开冒险之旅就足以让我们心情愉悦地离开家门。

布莱恩·崔西在《目标》一书中也写道："目标设置拥有强大的力量，即使我们还没迈出实现目标的第一步，光是想想这些目标就会觉得快乐"。

在此基础上，设想一下如果你沿着正确的方向迈出了积极的、肯定性的几步，你会有何感受？

崔西指出，强烈的目标会让"你每天早上迫不及待地起床开始新的一天，因为你所做的每一件事都会让你离梦想更近"。

避免逃避性的目标

目标设置也能极大地改变一个人的心理。

还是引用崔西书中的话："成功人士想的是他们要什么以及如何实现它，而不成功和不幸福的人想的则是他们不想要什么，并喋喋不休他们的问题和烦恼，怨天尤人。"

安东尼·罗宾斯（1992年）曾写道：人类总是追求着某一目标（亚里士多德也持同样的观点，认为人类是"目的论"的有机体，也就是说我们总是朝着某一方向前进）。因此，罗宾表示，如果我们不追求积极的目标，我们就会追求消除或避免苦痛。这些目标有的是消极的，有的是逃避性的，但是，对强烈害怕失败的人来说，这些很可能是他们唯一拥有的真正的目标。

罗宾指出，正是对失望不自觉的恐惧才使许多人无法设置积极、合适的目标。有些人可能设置过积极的目标，但没能实现，结果导致他们强烈害怕遭受更大的失败。而这也会让我们不再积极地设置目标，避免希望再次落空。

但是，逃避对目标的追求并非解决之道，而是要设置正确的目标。但这需要时间仔细思量。

设置正确的目标

那么，你想要什么？在"第一篇"提到，参与阿特金森实验的人，由于强烈害怕失败，逃避往木桩上扔铁环的比赛，我们不希望成为那样的人，我们需要清楚地认识到我们设置的目标也许并不合适。因为担心自己连中等难度的目标都无法实现，你可能会将目标定得过高或过低。

那么，除了等待结果，怎么才能知道目标是否正确呢？这并非易事。举例而言，在穆尔盖特信息公司的时候，我们常常和客户讨论在制定公关活动的目标时透过现象看本质的必要性。客户会觉得我们在这上面花费了太多时间，有时候甚至会生气地说："这难道不是明摆着吗？就是要做更多的生意啊。"

但是，如果我们通过适当的头脑风暴对目标进行分析，我们会发现真正的目标并非总是那些显而易见的目标。我们也定过错误的目标，继而导致了错误的战略战术（更多有关战略战术的问题见"第三篇"）——而这有时只有等到出现错误的结果时才会被意识到。

举个例子。我们的一位银行业客户曾说他的目标是要赢得更多的客户。尽管他的目标客户是本地市场的专家，但他却决意要在国际金融出版物里进行宣传。据他说，他对贸易或地方性刊物不以为然，认为只有在《金融时报》（Financial Times）或《华尔街日报》（Wall Street Journal）上宣传才能博人眼球。

当然，我们没能帮他争取到版面报道，因为他有特定的读者群。但是，当我们再深究下去时，我们发现他真正的目标是要引起上司的注意，因为他的上司正考虑要削减该部门的经费。了解这一点，我们就能相应地调整战略战术——最终刊印了一系列通讯详细地介绍了其成功的案例，并对满意的客户进行采访。然后我们将这些通讯发放给公司高层和外部新的、潜在的客户，获得了令人满意的效果。

我们的生活也是如此。如果目标不正确，那么再怎么忙碌也是白忙一场，但目标的正确与否往往并不明显。柯维写到人陷入"忙碌"和"活动陷阱"的状态中。他还指出，这就好比一架梯子架在错误的墙上，往上爬的每一步都会让我们更加偏离真正的目标，只会让我们加速到达错误的地点。

所以，如何设置正确的目标？如何相信自己的目标是正确的？要回答这些问题需要强大的想象力、深入的思考和对灵魂的探索——而这些都将在后面一一谈到。

缺乏积极主动的人生将一事无成。没有目标的人容易沦为目标明确的人的工具。而强大的目标设置甚至能让你在迈出第一步之前就变得兴奋和积极。

第六章 想　象

在上一章中，我援引了琳赛·阿格尼斯《用神经语言程序学改变你的生活》一书。现在是时候讨论神经语言程序学了，因为本节——想象目标——更多地要归功于这一群快乐的自我激励者。当代的很多励志书或公开或间接地将神经语言程序学应用到他们的行动框架中。而数百万妄自菲薄或缺乏自信的人也无疑利用神经语言程序学的技巧改变了自己的生活。

但是，强烈害怕失败的人对此仍需谨慎。

神经语言程序学诞生于20世纪70年代，是当时一种激进、新型的心理治疗和个人改变的手段。《牛津英语字典》（2009年）将其解释为："主要研究成功的行为模式和与其相关的主观经验（特别是思维模式）的人际交流模型。"

目的是让人们意识到我们和他人思考和言行的方式——以及据此对言行模式做出的改变，从而取得成功。

神经语言程序学是认知行为疗法的加强版，而这在这一方面有着密切的联系。神经语言程序学声称它可以帮助人们影响他人的反应，取得积极的外部效果，而不仅仅帮助人们重新评估我们对外部事件的反应。

没错，但很多神经语言程序学从业者并不满足于理解人们的思想和行动，或归纳他人成功的行为"模型"。在研究更为极端的神经语言程序学从业者的观点后，我们很快发现，他们提出的产生快速、深刻改变的方法——有些人还声称可以整体改变我们无意识的大脑——几乎都能立竿见影地消除我们的恐惧，甚至采用催眠疗法（和自我催眠）也能达到目的。而一旦我们的恐惧被根除，有些神经语言程序学从业者还声称我们可能会一往无前地在"实现梦想"的道路上前进。

当然，由于强烈害怕失败的人往往倾向于追求立竿见影的效果，认为自己可以重获新生，或追求不切实际的逃避型的目标，上述言之凿凿的声明使神经语言程序学变得既诱人又充满了危险。

神经语言程序学需适度

尽管我们对神经语言程序学的观点和方法论心怀感激，但我们必须清醒地认识到，那些所谓的根植于神经语言程序学的练习所能产生的效果，包括想象，都必须适度。

神经语言程序学的批评家指出,神经科学并不支持有关重塑自我认知——包括恐惧——的观点,这意味着神经语言程序学提供的不过是更深层次的自我否定,或者通过心理暗示让你获得脆弱的所谓"成功"。

尽管我对神经语言程序学的真实效果心有疑虑,我仍相信认识自我的性格缺陷、错误的评价和毁灭性的自我认知对那些强烈害怕失败的人来说是非常重要的。这需要好好思考、理解,甚至深化,而不是转身一头奔往另一个方向。

没有什么改变的技巧可以让那只"猴子"凭空消失。如果我们试图摆脱它,它会一再回来,就像被过度拉伸的橡皮筋一样。不管我们的主要认知和默认设置有多不完美,它们是与生俱来的,而且在我看来,只有当我们认识并接受这一点,我们才有可能获得长期稳定的成就动机。

当然,有许多原本极度缺乏安全感的人通过神经语言程序学获得了力量、找到了目标和向上的力量——这很好(我是真心的)。神经语言程序学就像是他们的救生船,这和戒酒互助协会有着相似之处,但后者在一个重要的方面更有优势:正在戒酒的嗜酒者每次参加活动时都必须重申自己的酒瘾,这也意味着他们不能进行任何形式的自我否定。所以,嗜酒者用"我叫珍妮特,我有酒瘾"来介绍自己,我见过的一些强烈害怕失败的人更像是神经语言程序学的布道者:"我叫约翰,你没有安全感。"

在我看来，理解这一点对强烈害怕失败的人来说非常重要。我们都在努力康复，努力克服不安全感和恐惧心理，就像嗜酒者试着戒酒一样。这一过程没有所谓最终的胜利，只是道路会越走越宽广，让我们避免产生毁灭性的想法和行为。

关于通过任何形式的自助而改变自己生活的人，这里还要提到一点。短期内的巨大进步会让我们变成动因论的鼓吹者：不但觉得所有的人都缺乏安全感还会多管闲事，主动提供自己的意见建议。不管我们通过何种方式进行自我提高，必须牢记的是：我们只能改变自己的行为，而不是朋友或熟人的行为——尤其不要试图改变那些我们认为需要改变的陌生人。

想象目标

上述有关那些想要克服对失败的恐惧感的人使用神经语言程序学的限制的告诫是非常必要的，原因很简单：我们接下来要对目标进行想象，这是专业、智慧的神经语言程序学从业者所力荐的。

酒店业大亨康拉德·希尔顿（Conrad Hilton）在书桌上一直放着一张纽约华道夫酒店的照片，直到18年后他买下了这一酒店。这张照片每天都在提醒希尔顿，让他不停地努力实现这一目标。

安东尼·罗宾在1992年曾写道："我们之所以成为现在这个样子是因为我们曾幻想过变成这样。"他又补充道，通过想象力设置目标是预见不可见的（未来）的第一步。

这一方法对我显然有效。早期创业的时候，我在都会立方公司组织并参加了一场研讨会，主讲人是当时英国最顶尖的神经语言程序学从业者。当时主讲人做了一件很奇怪的事情——她让我们所有人都闭上眼睛，想象十年后的自己是什么样子。

例如：你穿什么衣服？这非常重要，因为这是人们对你的第一印象。她还请我们想象最完美的自己，假设我们都穿着体面，但是穿着休闲的夏装，或是在萨维尔街定制的西服，或像乡绅一样穿着巴伯风衣和雨靴，还是巴黎或米兰的时尚服装？我们是什么样的人？例如，我们工作的环境如何？是位于伦敦梅菲尔的一间办公室，或农场的厨房，或曼哈顿摩天大楼里的时尚前卫的办公空间，甚或是布莱顿火车站地下的一间工作室？

我们是自己创业还是在目标公司中拥有高层职位（甚或仅仅在目标公司中有一份合适的工作）？我们能明确知道什么是我们的目标公司和合适的工作吗？

什么人在为我们工作？是否有团队、合伙人、总裁助理、前台接待人员？我们是管理着许多员工，还是拥有一个完美的上司？他们是什么样子的？我们在办公室的穿着如何？

也许最重要的是我们的家庭生活。我们的家在哪里，是在麦达维尔（伦敦）、三角地（纽约）、奥尔德利埃奇（英国）、科茨沃兹（英国）、普罗旺斯（法国）还是悉尼（澳大利亚）？我们的家是什么样子的？是老房子还是新房子？是四层楼的洋房还是平房？是木式的屋顶还是平顶房？是有碎石车道还是位于贝尔戈维亚能看见广场的别墅？我们只有这一套房子吗？房子里面是如何布置的：大厅、厨房、书房、卧室、浴室等？房子的外面呢？是大片的草坪和大树，或正式的花园，或能俯瞰城市景观的阳台，或是摇摇欲坠的农家屋舍？

我们和谁一起住？是现在的另一半还是另有新欢？有孩子吗？有几个？叫什么名字？养狗、马、蛇或鱼吗？叫什么名字？

我记得主讲人特别追求细节。我们当时想象了自己在卧室或办公室的样子，好像我们真的在和同事打招呼、抚摸宠物狗、在房子里溜达。

细化十年目标

想象未来的方法有很多种。有一种是想象我们的追悼词，但我更喜欢想象十年目标（安东尼·罗宾斯也有同样的十年规划），因为这涵盖了许多细节，关键的是，它使我们能够将未来的时间进行分解。在这一练习中，我们有十年的时间实现目标。只要在第九年的第十一个月的第三十天拥有我们想要的房子、办公室、职业、书和狗就可以了。

但这确实需要你在今天就开始做正确的事情。因此，在想象十年目标之后，一件重要的任务是去想象为了实现十年目标，你在五年内要变成什么样子。同样，越多细节越好——你生活的方方面面是什么样的？然后，两年后呢？两年后的你是什么样子才能有助于你实现五年目标？这同样也要求巨细无遗。一年后呢？一年后的你是什么样子才能有助于你实现两年目标？同理还有六个月、一个月、一周。显然，最后我们要考虑的是明天要做什么才能完成一周的目标，现在能为明天做什么准备？

过分华丽的幻想

但在这一过程中有一点要格外注意。如果强烈害怕失败的人想要模仿拥有强烈成就动机的人的行为，那么他们在想象十年目标时需要特别注意，因为他们的想象可能会过于华丽。别人总是鼓励我们要成为大人物，这意味着我们当中的许多人会在幻想拥有贝弗利山庄的豪宅时迷失自我，豪宅里有独立的录音室、吉他形状的游泳池以及无数的俊男靓女。

不管励志者会说什么，这种幻想可能是不切实际的，这不是因为它本身不切实际，而是因为强烈害怕失败的人往往因为其不切实际而将其定为目标。这种幻想没有任何——或者只需花费很少的情感成本，因为我们知道它永远都不会发生，除非我们突然中大奖（见下文有关彩票的部分）。耽溺于这种幻想对强烈害怕失败的人可能会有反效果，因为这与拥有成就动机的人的虽然富有挑战但可实现的目标截然不同。在我看来，这就像是唆使人们从尽可能远的地方朝木桩上扔铁环一样。

选择合适的丛林

值得注意的是，本书并没有叫你要"现实点"，满足于小小的升迁或多一间卧室。本书旨在帮助那些强烈害怕失败的人明白自己为什么会这样，之后教他们如何更好地应对外部事件，将来获得更大的成功。

如果本书能让我们永远摆脱强烈害怕失败的牢笼，走上成就动机的光明大道，那就是莫大的成功，而这种成功是无法用吉他形状的游泳池来衡量的。目标设置是至关重要的——实际上是最重要的。在消除我们内心的恐惧和不安全感后，正确的目标能带领我们走出错误的泥潭，为我们指引正确的方向。

因此，这时候你能做的最重要的事就是制定你认为重要的目标。这是你自己的目标——而不是营销人员利用你的弱点向你推销的，或是西蒙·考威尔（Simon Cowell）、安东尼·罗宾斯或其他造星者或励志大师灌输给你的。只有这样,你的目标才会持久、触手可及;只有这样,你才能慢慢地——多年以后——一步一步地靠近自己的目标,而不再被内心对失败的恐惧所阻碍。

品德

史蒂芬·柯维在《高效能人士的七个习惯》中写道,恰当的目标设置可能会为人们赢得声誉,但对我们这些强烈害怕失败的人来说,柯维的高明之处在于他并没有让我们重塑自我或否定我们过去的痛苦,恰恰相反,他反对大多数现代励志书所追捧的"个人魅力"的观点,而大力宣扬"品德"。

柯维认为,个人魅力的养成有赖于能快速见效的技能和技术的培养。但这些技能与技巧或许会显得不够真诚(甚至有操纵他人的嫌疑),一旦遇到无法处理的困难就会立即失去光彩。为了塑造自己的个人魅力,我们被迫戴上面具——扮演与自己本身的性格截然相反的一种人。此类面具包括励志书和技巧所宣扬的那种自信、机智或富有吸引力的人——我们被告知这个人就住在我们的心里,一直等待被释放出来,但事实上,我们用以表达自己的这些行为和我们内心的想法南辕北辙。

而品德的观念要求我们培养自己的性格,使其与我们的原则相辅相成——事实上,这一性格是以原则为中心的。

这是个长期的过程，符合自然规律，需要多年的时间才能见效（柯维将其类比为农作物，二者都需要时间才能有所收获），不存在所谓的捷径或快速解决方案。

如果我们养成了以原则为中心的性格，那么我们所有的目标和行为都会变得非常自然。但我们需要首先制定原则，好在上面作画。柯维呼吁我们按照人类与生俱来的原则，包括公平、正直、诚实、尊严、优质和杰出等，来制定目标。这些原则还包括人的潜能、成长和鼓励等观点。

原则至上

我不得不承认读到这一点的时候，我对《高效能人士的七个习惯》产生了怀疑。我本来以为这本书会教我如何变得高效，没想到却给我上了一堂伦理、道德课。这对我来说太神圣，太虚伪了。我认识的许多非常高效的人都是些恶棍：不顾道德，不讲伦理，只追求自己的私利，完全不在乎对他人的影响（我内心很羡慕他们的六亲不认，因为我当时非常在乎别人对我的看法）。他们当然也不是"以原则为中心"的。事实上，他们当中有许多人被野心蒙蔽了双眼，毫无原则可言，但我现在知道这可能是源于他们内心的挫折感和不安全感。

后来我恍然大悟了。不管我内心有多羡慕他们，我并不想变成和他们一样。我要的是不再像强烈害怕失败的人那样（而他们当中有许多人都强烈害怕失败），培养自己强烈的成就动机。我已经准备好接受没有捷径这一事实。另一步是接受我要设置以原则为中心的目标，我最终也照做了。

我发现柯维是对的。我在深入剖析自己后发现，尽管有过一些可耻的自私的行为，我的本性并不坏。我是个好人，但强烈感受到了社会对我的不公。我的行为不当是由于我内心的挫折感在作怪，而我在心里一直认为这是因为别人对我的行为过于苛责而造成的。

事实上，我经常思考其实每个坏人的心里都住着一个好人。许多强盗、银行劫匪甚至谋杀犯都在心里认为自己是因为他人的偏见或时运不济而走上不归路的。绝大多数人都认为自己本质上是个好人。当然，多年来，挫折感也是驱使我做出不良行为的主要因素。我当时认为，如果我消除了挫折感，那么我内心的那个守原则的好人就会释放出来。

但柯维却指出我这是本末倒置。以原则为中心意味着我们需要先唤醒心中的好人，以此为基准，促使我们设置新的目标和采取新的行为。我们必须不断努力成为我们想成为的人——不论是情感上还是精神上——直到我们到达新的高度。至于原则，过程和目的地是一样的，都始于现在。

这给予了我人生重大的启示。我确认了两件事：首先，在我努力克服对失败的恐惧的过程中，我内心善恶的交锋是至关重要的，而我的本性是善良的——我的那些糟糕的思想和行为都是由过去糟糕的经历导致的；其次，未来比过去好，因为我现在已经认识到了这一点，可以采取相应的行动——将我的原则作为目标设置以及未来行为的基准。

后来，对那些我曾羡慕不已的毫无原则的人我又有了新的发现。回顾我的职业生涯，我发现，这些人没有人真的飞黄腾达。有个人因为办公室桃色事件而丢了工作，还有一个因为对债权人反复无常而使公司破产，还有一些同事因为欺诈罪而进了监牢。或许坚持原则也是不断前进的长久之计。

我们自己的"宪法"

在鼓励人们要坚持原则后，柯维接着指出我们必须根据这些原则制定合适的、长期的、能持之以恒的目标。但首先我们必须把个人的使命，包括我们的价值观和原则，写下来。

柯维以《美国宪法》为例——我在大学里曾学习过《美国宪法》并非常欣赏其简洁、准确的语言和标杆式的地位。《美国宪法》（以及其中的《权利法案》）涵盖了当时新成立的联邦共和国的原则和价值观，制定了一套非常明确的标准，供后世遵循。柯维写道，任何违宪的行为都无可遁形，如水门事件。所以，我认为《美国宪法》是美国成为超级大国路上的一块重要基石。

制定属于你自己的"宪法"显然不无裨益，但我们不该一蹴而就，而是应该花几天甚至数周的时间思考，慢慢地充实、完善。安东尼·罗宾斯建议我们要一口气把所有的目标都快速写下来，这可以帮助我们形成初稿。但个人"宪法"是需要仔细琢磨的。我们还应将其视为克服对失败的恐惧的第一步，将其记录到日记里（可以记在日记本后面标着"注意事项"的那几页），这样你就能每年对其进行重新审视。

以下是我个人的"宪法"（仅做说明之用，因为在我看来个人的"宪法"也是极其私人的东西）：

成为优秀的导师和孩子们的好榜样。

遵守我对婚姻的承诺——不然承诺的意义何在？

开创能让我自豪的事业。

做出改变。

通过工作创造遗产。

追求幸福，但要认识到幸福感源自内心。

承认失败和错误，并做出改进。

承认如果他人让我生气或不耐烦，那么不是他们的错，而是我的错。

作风正派，欠债必还。

不单纯为了钱而工作。

认识到我的第一反应并不总是对的。

"永不认输"。

根据上述目标，不难看出，成为一位成功的投资银行家或幽默的、充满男性荷尔蒙的作家的目标并不适合我。

在这里，关于抱负我还想说明重要的一点。如果你真的认为你的个人"宪法"里应该有关键的一条是"成为富翁"或"成为名人"，那么就应该把它写下来。但你也应该问自己"为什么"？如果深层次的、真诚的答案是"因为我想开法拉利"或"因为我想走在街上的时候被人认出来"，那也没关系。但如果深层次的、真诚的答案是"要向所有人证明我并非一无是处"，那么在你的个人"宪法"中或许应该这么写："证明我的价值"，然后在做十年规划时再加入具体的目标。记住，制定个人"宪法"的目的是为了确立你自己的原则。在"宪法"中不应该写你想要什么样的工作或五年后你想要穿什么牌子的牛仔裤。

动态设置合理的目标

个人"宪法"是为了下一步而做准备的：根据你的原则制定具体的目标和节点。其他人也同意柯维的这一观点。布莱恩·崔西（2003年）曾指出，我们是由我们的价值观决定的——基于此衍生出设置合理目标的顺序：

(1)首先要明确我们的价值观。
(2)然后根据价值观形成我们的信念。
(3)在信念的基础上养成我们的态度。
(4)再根据态度形成对未来的期待。
(5)最后,根据期待开始行动。

如果将这一顺序颠倒,我们就能很容易发现那些强烈害怕失败的人的问题所在。由于我们对失败的期望,我们会定一些不切实际的目标,因为我们不相信自己能成功。这一观念根植于我们的价值观,包括更重视面子而非成就。

但是,假设我们的价值观更合理,更坚持原则,假设我们遵守崔西提出的上述顺序,如果我们专注于持续的自我提高,那么我们肯定是相信持续的自我提高是可能的,而这必将改变我们的学习态度——帮助我们践行我们的核心价值观,催生我们对自我提高的正面期待,促使我们采取行动。

于是,我们突然之间就走上了康庄大道,拥有了清晰的价值观和原则。根据这些价值观和原则,我们可以利用神经语言程序学尽情地想想自己的目标,不断将其细化。

目标设置并非一蹴而就

如果,在完成上述各项练习后,你还没有制定经过深思熟虑的、可行的未来十年行动计划,那么你就得重新审视自己的"个人宪法",再想想自己的原则和价值观。这没有什么好沮丧的。这一过程也许会重复多次。现在发现目标需要重置总好过五年后才发现(但要注意我们可以、能够也应该改变我们的目标)。

你现在所有的行动都是为了把梯子靠在正确的墙上,所以效果可能不是立竿见影。对目标的想象,以及"个人宪法"的完善,可能都需要反复尝试。但没有关系,因为我们有一辈子的时间来做这件事(先将目标放在未来十年),而这一过程很可能要比你痛苦、曲折的过去要好得多。

想象未来十年的目标是目标设置的第一步——尤其是当我们将这一十年目标分解为多个小目标,并从现在开始做起。但是,如果要避免不合理的目标,我们首先要根据自己的原则和价值观制定我们的"个人宪法"。

第七章　言　行

当然，设置目标的目的是为了变得积极，而积极的主要表现之一是积极的语言。

领导力培训大师斯蒂芬·丹宁（Stephen Denning）在《领导的秘密语言》（*The Secret Language of Leadership*）（2007年）一书中写道："话说得好能振奋人心，激发听者的激情、活力、动力等，而说得不好则会好心办坏事，把热情瞬间浇熄。"

不论是"个人宪法"、目标设置、日记还是想法或从你口中说出来的话，你都要注意用词和语气。

柯维（1989年）曾指出，消极的语言是对自我的宽恕，如"我就是这样的人"、"我什么都做不了"等的潜台词是"这不是我的责任"、"我天生就是这样"。

但这确实是你的责任。你也不是天生就是这样。不管外在原因是什么，你之所以变成这样是由你对外界的反应和行为所造成的。事实上，你之所以变成这样的部分原因是由你所用的语言造成的。消极或失败论的语言——和恐惧一样——是会自我实现的。

写下你的目标

幸运的是我们有改过的机会。在实现目标想象练习后，你现在需要将这些目标逐一写下来。这让你有机会对目标进行重新评估，确保这些目标的合理性——即一年期的目标是为两年期的目标服务的，以此类推直至十年目标——但你要注意记录目标时所用的语气和语言。

这并不复杂。例如，在记录目标的时候，时态应为现在时。琳赛·阿格尼斯（2008年）曾说过，我们应表现得像已经完成目标一样——在用语言记录目标的时候也一样。举例而言，如果我们将这一过程视作和火车行程一样确定，我们就会强迫自己采取必要的行动。

如维珍公司的列车报站员会说："列车将于16:45抵达曼彻斯特皮卡迪利站。"

同理，"第十年：我们住在诺福克郡的一座自建屋里，屋子里有六间卧室，养了三匹马、两只狗和一群稀有品种的羊"。

是吗？哇！我们给每只羊都取名字了吗？

目标要如此具体才行，包括时间、地点、人物和事件——斯达咨询的朱莉·斯达（Jullie Starr）医学博士在

《人员培训精要》(*The Coaching Manual*)中如是说。

斯达博士指出,"我要变得更有活力"这一目标太模糊了,因此激励的效果不如"我要变得更有活力,能在下班后和孩子们一起运动"。

如果补上时间刻度(每周)、地点(新建的休闲中心)和所从事的运动(羽毛球),打个电话,去体育用品店(很可能就开在休闲中心里)购买所需的用品,你的这一目标就能变成可持续的行动。

表现得就像目标已经实现了一样

琳赛·阿格尼斯曾指出,"表现得就像目标已经实现了一样"和使用与之相应的语言是非常重要的,因为这能在大脑中产生新的积极的神经通路。我们朝着正确的方向所采取的每一积极的行动都将逐渐累积起来。我们不能一边希望获得成就动机,一边受制于我们对失败的恐惧。如有必要,不妨"先假装,装久了就成真的了"——许多励志作家都这么建议,其中最为著名的是汤姆·贝(Tom Bay)和大卫·麦克斐逊(David Macpherson)在《改变态度,改变人生》(*Change Your Attitude*)(1998年)一书中对此的表述。

汤姆和大卫的建议是,如果你想升职,就表现得好像已经升了职一样——学学周围上级的气势,像他们一样严肃，不要再为了掩盖内心的失落而扮演办公室小丑。久而久之，这会变成你不自觉的习惯，而你的上级也会注意到的。

但这个方法显然有其局限性。第十年在诺福克拥有一块农场的目标固然不错，但如果我们穿着绿色的雨靴去上班可能会引人侧目。但另一方面，如果我们只在周末穿上雨靴去诺福克寻找最佳的农场地点就没问题了——如果我们像康拉德·希尔顿（Conrad Hilton）一样把诺福克的照片放在桌子上就更好了。

综上，你为了实现目标而采取的行为必然要不同于受制于对失败的恐惧而采取的行为。你或许会发现阻碍你前进的行为特征（如扮演丑角）正是你吸引某些特定人群（往往是其他和你一样强烈害怕失败的人）的特质。你必须改掉这些特征，这是毫无疑问的——但你不必抛弃这些朋友。你可以在"个人宪法"里加一条：散播积极的力量。

积极的自我暗示

要摆脱消极的自我暗示，以积极的自我暗示取而代之。

约翰·考特（John Caunt）（2003年）曾指出，我们应放自己一马——质疑消极的思想和观点，重新整理自己积极的特质，甚至（在老地方）写些励志的话，用积极而非消极的语言帮助自己重塑价值观。

在《改变态度，改变人生》一书中，贝和麦克斐逊呼吁我们摆脱消极的自我暗示,并指出,每个人都需要克服内心消极的自我暗示。他们还表示,我们应学会称赞自己,在每一阶段都应如此——哪怕你只是在日记中记录那些微不足道的点滴成就。

而在表达目标的时候,应该使用积极的语言,如"我想要……"而不是"我不想……"。贝和麦克斐逊指出,像"我不想受穷"这样的目标是毫无意义的,应改成更加积极、更确切的目标,如"我希望我有能力在那个我一直觊觎的绿意盎然的小区里买一套四居室"。如果你再仔细琢磨自己为什么一定要那座房子,你很可能就能更加确切地了解驱使你努力的动机是什么了。

但所有积极的自我暗示不能陷入虚假的模式中。你所用的语言必须是发自肺腑的,否则你就是在自欺欺人。怎么才能知道这些话是你的肺腑之言呢?这并不容易,尤其是当一开始我们"自然而然"就会消极地自我暗示的时候。将积极的语言注入这种消极的思想就像是要在比赛结束的哨音刚响起,观众鱼贯而出时进入体育场一样艰难。

但是,如果你再等一等,等所有人都散场了你再进去,你就可以在场内随意喊叫,也没有人会听见。在记录目标的同时,你可以重新整理思绪,用积极的语言代替消极的语言。因为你刻意避开人流,所以你想用什么语言都可以。

但是,如果有些积极的行动在记录下来后又被遗忘,那么你就需要进行反思。报名语言课或会计课的原因是否有遗漏的？或许你想学日语或会计课的想法是别人给的，或许这从来就不是你的目标。参加艺术基础课程的学习或小型的创业计划或许更能激励你。

想象前和想象后的练习

设置目标并不像看起来那么容易，需要我们花时间了解真正的自己，但在你开始设想目标前有许多练习可以帮助你制定合适的目标。

其中一个练习来自吉姆·卡罗尔（Jim Cairo）的《动机与目标设定》(*Motivation and Goal Setting*)（1998年）。卡罗尔认为，设定与你真实的自己相匹配的目标是非常重要的，因为这些目标能长久地激励你。如果你还在苦苦寻找真实的自己（这是仍在康复中的强烈害怕失败的人的通病），卡罗尔的建议是，将以下各项按重要程度从一到十排序：

安全

财富

健康

与另一半的关系

与孩子的关系

与家人的关系

声名

工作/职业

权力

幸福

友谊

退休

拥有自己的生意

长寿

旅行

同龄人的尊重

精神满足

慈善

卡罗尔认为，排名最靠前的那几项应占据你80%的时间，并作为你设定目标的基础。你还可以将这几项写入"个人宪法"，因为后者仍是你在设定目标时最重要的根据。

在目标设定之后，我们还可以通过一些练习检验我们的方向是否正确。琳赛·阿格尼斯（2008年）引用了著名的成功学大师保罗·梅耶（Paul J. Meyer）所推荐的用于评估目标设定的方法，为了便于记忆将其缩写为SMART（取每个对应英文单词的首字母）。梅耶解释说我们的目标应该：

具体（不是"减肥"，而是"减十磅"）

可衡量（"到六月减掉十磅"）

可行（是可以实现的，比如：到火星旅行可能要经历好几代人以后才能实现）

实际（今年先完成半程马拉松可能更实际，明年再跑全程马拉松）

有时间限制（六月）

但我们需要注意那些可衡量的目标，尤其是那些有时间限制的目标。如果你的目标是在一年内成为首席执行官，那么在最后一天改变方向或许会功亏一篑。正如安东尼·罗宾斯所言，许多人在时间期限结束后就放弃了自己的目标，却不知道他们离目标只有咫尺之遥。当然，太拘泥于时间表也会失败。

网状活化系统——我们体内的"触角"

在这一阶段我们不必详细罗列实现目标的步骤。迈克·杜利（Mike Dooley）——"梦想实现"大师和《来自宇宙的信息》（Notes from the Universe）（2007年）一书的作者——认为追问如何实现目标是很"可怕的"。杜利的观点是，实现目标的方法千千万万，因此现在就想如何实现三年后的目标是非常疯狂的。

他认为，"做出显著改变"的秘诀不在于如何实现目标，而在于将注意力集中在你想要的最终结果上。在这一点上，杜利和我读过的其他作家的看法不谋而合，但杜利还提到关键的一点是：一旦我们全神贯注于最终结果，"宇宙就会帮助我们实现这一结果"。

但事实上，当我们扫除面前的各种障碍，把注意力集中在目标上，帮助我们实现目标的不是宇宙，而是我们自己。其中的功臣就是我们的网状活化系统——大脑中负责控制冲动的区域，由多个连接脑干和大脑皮层的神经元回路构成。

但这对我来说也没有什么意义，直到我发现网状活化系统其实就是我说的"触角"，能发现我现在关心的事物。举例来说，我妈妈曾送我一条博柏利的围巾作为圣诞节礼物。围巾很漂亮，我这个冬天每天都戴着。但从圣诞节开始，我发现我在伦敦街头各个角落都能看到类似的围巾——不论是走路上班的职场人士、大学生、还是牛津街上的行人都戴着类似的围巾。

为什么我之前没有注意到呢？因为只有当圣诞节那天我妈妈给我这条围巾时，我的网状活化系统才开始注意到此类围巾。从那之后，我才开始注意有多少人戴着这种围巾。而在此之前，这些围巾和 99.9% 大脑接收到的信息一样被我的大脑过滤掉了，因为它们对我来说毫无意义。

而对强烈害怕失败的人来说，他们的网状活化系统所关注的一直都是负面的刺激。例如，如果我们认为别人对我们有偏见，那么我们的网状活化系统就会专门搜寻这些偏见（而且难免会发现一些偏见）。但如果我们专注于目标——尤其是当我们知道下一步该怎么做时——我们所感受到的所有与之有关的东西都会留在我们的大脑中。这些信息的数量可不少。对的解决方案、对的人、对的想法在对的时间凭空冒出来，这经常让人们惊叹不已。但它们不是凭空冒出来的，只是我们之前没有留意，但现在我们的网状活化系统发现了它们。

运气和赢家的诅咒

在这里，我想说的最后一点是：我越了解人体的网状活化系统，我就越相信该系统能左右我们的运气。拥有强烈成就动机的人似乎总是能得到幸运女神的眷顾，而强烈害怕失败的人则总是与运气失之交臂。当然，我一直觉得自己运气不好——我甚至开玩笑说我身上的"凯尔西效应"能影响到我接触过的任何公司、汽车、女友、房子、街道、城市或国家，只要和我有关系，它们马上就会遭受突如其来的厄运。我的妻子也开玩笑说每次出去度假，我们的头顶上似乎总跟着一团"凯尔西云"（我们甚至在撒哈拉沙漠旅行都能遇到下雨天）。

但是，我发现当我专注于某一特定目标时，我似乎开始转运了，至少在与该目标有关的事情上是如此。机会会在恰当的时机出现，而阻碍则会自动消失。我现在明白这并不是因为运气的关系，而是我的网状活化系统在起作用。

觉得自己是个倒霉蛋也有好处。因为运气不佳，所以我一直都很厌恶赌博，现在看来这是种福报。在我看来，赌博就是"赢家的诅咒"——赌博本来只是单纯的数学概率问题,但赢钱会让人变得自大,从而高估了赢钱的概率。在赌场上,从幸运之巅跌入谷底往往只在一瞬之间。感谢上天——也多亏了我对失败的强烈恐惧——让我得以避免赌徒的厄运。

甚至在买彩票这件事情上也是如此。我从没买过彩票,也希望其他在康复中的强烈害怕失败的人不要再买彩票。我有个很聪明的朋友曾说彩票是政府"向笨蛋所征收的税",此外,彩票会让我们在该行动的时候却有借口无所事事。

每次我听到"等我中奖了",我就会浑身不自在。

改变生活的不是彩票,而是你自己。

因为觉得自己运气不佳,我一直很不喜欢在会议上或做报告时即兴发挥,相反,我一直都是准备最充分的那一个,因为我觉得这能弥补我那少得可怜的运气。

当然,在生活的各个方面我都一直觉得自己运气很差,而久而久之,情况却变得对我越来越有利。在年轻的时候,许多拥有强烈成就动机的人都非常自信甚至自大,这在追求男女朋友或求职时显然是个优势。但生活是场马拉松,不是短跑比赛,如果你没有持久的特质,那么幸运女神难免会背你而去。此外,因为我从一开始就觉得自己运气不好,这让我在面对不可避免的坎坷时能做好充分的准备——而现在我已经能从容地避开许多陷阱了。

在设置目标时,积极的语言是非常重要的,同样重要的还有"表现得好像目标已经完成了一样"。但是,虽然我们应详细地列出目标,但也应避免把注意力放在"如何实现目标"上,尤其是当我们找对方向的时候,我们身上的"网状活化系统"就会帮助你实现目标。

第八章 正在康复中的强烈害怕失败的人如何设定合理的目标

但是,我们的目标正确吗?这是强烈害怕失败的人都很关心的一个问题,因为尽管我们极力想避免设定过低的目标,我们却无法区分我们真正的长期目标(或许这些目标尚未成形)和不切实际的过高目标,而设定过高目标或许也是出于我们的逃避心理。

在《毁灭性的目标追逐》(*Destructive Goal Pursuit*)(2006年)一书中,行为学家克里斯托弗·凯耶斯(Christopher Kayes)以1996年珠穆朗玛峰登山队山难事件为例分析了什么是不合理的目标设定。在那次山难中,有八人死亡,而幸存者也都惨遭截肢的厄运。凯耶斯指出,那次登山计划从一开始目标就有问题,让专业登山家带领一群水平不一的冒险家攀登珠穆朗玛峰,而队员为此次活动支付了高达六万五千美元的费用。凯耶斯认为,正是这种商业性质改变了这支登山队的力量对比,因为许多队员认为这些专业的登山家是他们雇来保证自己能成功登顶的。

凯耶斯认为造成此次灾难的主要原因是，经验丰富的领队一心想登顶，却没发现他们已经没有时间顺利下山了——凯耶斯称这种情况为"目标白痴"（即追求愚蠢的目标）。

凯耶斯指出，目标白痴有六大特征，而其中有许多都是强烈害怕失败的人的特征：

目标狭隘（登顶）

公众的期待（这些队员，包括一位知名作家，野心勃勃，在意其他队员和外界对自己的看法）

保全面子的行为（登山队员和领队为了保全自己的面子却忽视了危险的信号）

梦想理想的未来（登上珠穆朗玛峰）

为了实现目标不择手段（如果目标至上，那么只要能达到目标，即使是危险的、不理智的决定也是可以接受的）

宿命感

凯耶斯写道："目标白痴可以让团队不顾现实，以为只要实现目标，现有的障碍就会消失。"

凯耶斯也指出，一旦设定团队目标，想让这个团队改变目标是非常困难的。目标能帮我们度过困境，让我们变得有目标感。但如果目标过于宏大或不切实际，那我们就会变得更愿意冒险，更愿意突破既定的准则，做出危险甚至不道德的行为。

对那支登山队来说，这让他们无法了解、适应周围环境的变化（由于山路窄小崎岖、天气恶劣，延迟了他们上山的时间，也影响了他们的下山时间）。他们的目标太过狭隘，他们也太过依赖领队。在这支登山队中，领队是唯一能准确判断他们是否应该继续的人。

致命的错误目标

那么，克里斯托弗·凯耶斯对那次珠穆朗玛峰登山队山难事件的分析能给我们什么启示呢？我们从中学到的一个重要教训是，这支登山队设定了清晰但错误的目标。队员们支付六万五千美元的费用不是为了登上山顶，而是在登顶之后再活着下山！或许正是对目标的狭隘定义造成了这次灾难，因为领队或许过于执着地要让队员登顶。如果你觉得登顶之后再安全下山的想法不现实，如果你觉得这个要求太多，那么我们不妨拿阿波罗登月行动来做比较，在这次行动中，让宇航员安全回家也是同样重要的目标（不信可以问金·克兰兹）。

在这里我想指出的重要一点是，为了进步而进步不是真正的进步，尽管这会让我们暂时鼓起干劲。追求错误的目标无异于作茧自缚，结果可能是致命的，就像那些攀登珠穆朗玛峰的登山者一样。这样做至少也是在浪费时间。

如果要设定正确的目标，我们就要回到我们的"个人宪法"。例如，如果我没有孩子，没有结婚（或者不是农民，但这个没有写下来，说明这根本不是我的目标），那么我想要在诺福克郡拥有一块农场、养些稀有品种的羊的想法就显得很肤浅。如果不带上我的家人，我根本不会想去什么偏远的农场。

你必须确保这些目标和你生活的其他方面保持平衡。正如朱莉·斯达（2003年）所说，如果你想多些出差的机会，但却刚结婚不久，那你就要想想出差可能会带来的后果。如果你愿意承担后果，那没问题。但是，根据成就动机设定的目标应该是长远目标，这样我们才不会在为了达到短期目标孤注一掷后懊悔不已。十年的期限自有其道理。

不断减少的金钱回报

金钱在我们设定合理目标的过程中起着特定作用。财富显然是人们追求的目标，但我们在追求财富的过程中要保持清晰的头脑。在《80/20的生活》（*Living the 80/20 Way*）（2005年）一书中，企业家理查德·科克（Richard Koch）写道：大部分人都高估了提高收入所能带来的回报。科克指出，研究表明，贫穷固然会令人不悦，但一旦我们的生活达到小康水平，挣再多的钱也不会让我们更快乐，甚至会增加我们的压力。

追求财富也会带来其他问题——这和珠穆朗玛峰上的

登山者所遇到的问题有相似之处。如果你的目标是在30岁之前成为百万富翁，那么你愿意为实现这个目标付出多少？或许你会牺牲社交生活、晚点儿谈恋爱或成家，或者准备好好工作，但你愿意为此欺骗坐在你隔壁工作间的同事吗？你愿意？那诈骗呢？也愿意？天啊！什么是你的底线呢？抢劫、谋杀、还是种族屠杀？

你有没有实现目标的底线？强烈害怕失败的人往往会很极端——由于妄自尊大但又害怕失败，他们会设定一些不合理的目标。这种极端主义者的"个人宪法"——如果上面写的是他们的真实心声——里充满了怨恨的情绪和对受到他人偏见的抱怨［希特勒的《我的奋斗》(*Mein Kampf*)一书就是个经典例子］。

安东尼·罗宾斯（1992年）曾告诫我们在追求某一目标的过程中不要虐待自己，不要把个人幸福和目标的实现与否绑在一起，因为这些目标有可能是我们无法控制的。罗宾斯表示，重要的不仅仅是目标的实现，还有我们在这一过程的生活质量。

罗宾斯认为我们当中有很多人都为了下一个目标而放弃了现在的幸福。因为他们不停把幸福推迟到了未来的"某一天"，所以他们永远不觉得幸福，但我们应该抓住现在的幸福。设定目标不是为了延迟满足，而是为了设定我们的"指南针"——正如柯维所言——精神振奋地朝着正确的方向前进，有信心应对一路上的艰难险阻。

罗宾斯称，"记住我们前进的方向比单个的结果更重要"。

设定目标之外的目标

另一个核心观念是要设定目标之外的目标。我当初在投资银行和写作这条道路上失败的一个主要原因是，我当时并没有想到"成功后"该怎么办。我根本没有想到下一步，所以我失去了最初的专注和激情，白白浪费了这两次机会。

罗宾斯曾说，"要不停地设定目标，因为只有在我们设定了更高的目标后，最初目标的实现才不会变成一种诅咒"。

根据我自己在银行业的经历，我发现在"超越"梦想后，尽管我身处的环境变好了，但还是会有"就这样了吗"的失落感。琳赛·阿格尼斯（2008年）曾援引约翰·葛瑞德（John Grinder）（NPL的创始人之一）的话说，阻碍人们实现目标的最大因素往往是因为人们没有设定比最初目标更高的目标。如果没有更高的目标，我们一旦实现最初的目标就会开始消极怠工，我在银行业和写作的经历就是最佳佐证。

希望设定与你的"个人宪法"相符的十年目标——包括短期节点目标，能帮助你克服这一问题。"个人宪法"应包括短期目标和长期的抱负。例如，朱莉·斯达希望能和孩子们一起参加体育活动，但如果她没有考虑下一步的目标，那么他们很快就会对羽毛球失去兴趣。或许斯达真正的目标是："参与孩子们长大的过程"。如果她把这一点写进她的"个人宪法"，那么羽毛球就只是这一清晰、长期目标的一个部分，而这一长期目标也是灵活、可衡量的。

重要的是，这种表述可以避免我们遭到命运的劫持——比如在30岁之前就成为百万富翁或者一次就爬上珠穆朗玛峰。对那些在攀登珠穆郎中遇难的人而言，如果他们的目标是"成为了不起的登山者"，甚或是"终身不放弃冒险"，那肯定比他们原本的目标要好得多。

如果现在就能实现目标，你愿意吗？

检查我们现在的方向是否正确的另一个方法也来自朱莉·斯达的《个人培训精要》。斯达在书中问道：如果现在就能实现你的目标，你愿意吗？如果你没有马上、发自肺腑地大呼"愿意"，那么你就要想想为什么。

例如，如果你曾希望自己能管理一家有100个员工的公司，并且现在也有机会这样做，但你却犹豫不决，甚至惊慌失措，那么这或许只是一种幻想，而不是你的目标（或许这个想法是别人灌输给你的，或是由环境决定的）。也许更适合你的目标是管理一个小一点的团队，比方说五个人的团队，在类似大学生工作室那样的环境，也许在一个更有人情味的小镇上。

当然，在经过管理小公司的洗礼后，管理100人的公司可以成为你的十年目标。话虽如此，你现在对管理大型公司的恐惧也应反映到你的十年目标、五年目标、两年目标，甚至你的"个人宪法"。

我们应该努力做自己。在珠穆朗玛峰遇难的登山队员中很多都不是专业登山者——他们当中有很多人都没有怎么准备就出发了，而珠穆朗玛峰可是直到1953年才有人成功登顶的（至少官方说法是这样）。

戴尔·卡耐基（1948年）曾写道："如果只有一只柠檬，那就做柠檬汁吧。"这句话的意思是，我们应着眼我们现在有什么，然后思考如何最大限度地利用它们。

但这并不是说改变方向不好。但如果我们更适合当作家却打算成为数学教授，那就会大大增加我们失败的概率，继而更加重，而不是减轻我们的消极观点。

认可阶段性的成果

阻碍我们成长之路的最后一点是，如果过于沉迷于目标，我们会忽略所取得的成就。我们往往在不知不觉中走了很远却没有发现，这意味着我们仍和最开始一样情绪消极，却忽略了我们已取得的成就其实正是通往未来的基石。

这是强烈害怕失败的人的一大弱点，这会造成的结果是：尽管我们在朝着目标前进，但我们却并不因此而感到幸福。在某些方面，这是不可避免的——我们就是这样的人。这种神经劫持并不会就此消失。

但是，正如我们可以学习更加快速地反抗这种劫持，我们也会慢慢发现，我们现在的感受是不真实的，我们朝着目标前进的每一小步都应增加我们的信心，减少我们的恐惧。当然，写日记是个好办法，每年定期回顾你的"个人宪法"和目标也是有效的。如果你的目标不断提高，总是要十年的时间才能实现，那么你会感到很沮丧，除非在此期间你认识到你一直在进步，这能让你更加笃定，更有信心。我们只需保证我们认可这些阶段性的成功，注意到我们获得的小小胜利，或许可以在日记里用一个大大的"√"表示。

你需要确保你的目标能让你变得更完整。此外，你还需要初始目标之外的目标。还要认可自己一路上的进步。

第三篇

执 行

第九章　战略战术

目标、战略、战术——这是我们在穆尔盖特信息公司策划公关活动的顺序。而这在培养那些强烈害怕失败的人的成就动机时似乎是非常适用的行动路线。那么，在写下目标后，我们需要进行下一步：制定执行"战略"，但我们马上就会遇到一个问题：战略到底是什么？

字典里的解释是：战略是"作战艺术或科学"。这个解释虽然有所帮助，但我觉得，对我和许多其他正在康复中的强烈害怕失败的人而言，这个解释太宽泛了。我们很容易被有歧义的词搞混，有时候甚至会被某个词的意思吓得裹足不前。虽然"战略"这个词经常在书名中出现，但几乎所有这些书对这个词都有自己的先入之见，并且把战略和战术等同对待，没有区别二者在帮助我们实现目标的过程中的不同作用。

"可实现的目标必须是可执行的"，《活得聪明活得好》（*Life Strategies*）（1999年）的作者菲利普·麦格劳（Philip

C. McGraw）如是说。《活得聪明活得好》针对的是个人而非企业，因而显然是最可以借鉴的励志书。

我之所以强调"可执行的"是因为我发现这可能正是战略的定义，尽管这一操作层面上的定义可能会与我们所采用的实际的日常战术和行动混淆。

战略桥

在这个问题上纠结了一段时间后，我认识到，即使在我们的公关活动中，我们也经常在活动计划——这是我们关键的执行文件，目的是建立客户对我们的活动目标以及为实现这些目标所要采取的步骤的信心——里的"战略"部分对目标进行总结，然后再将其分解为相关的战术和行动点。换句话说，战略是搭建在客户的目标和我们的实际行为之间的桥梁——确保我们的战术（如可执行的行动点）是为了目标服务的。而这，在我看来，就是对战略的完美注解。

战略并不总是显而易见的

作为目标和可执行战术之间的桥梁，战略的重要性不言而喻。如果军事家想要达到目标（获胜），他们可采取的一个战略是发动"全面战争"，即在陆海空发动全面进攻。

在战场上这似乎是个显而易见的战略,但事实并非如此。其他战略包括等待敌军的突袭或在敌方势力范围内打游击战(这里我们不知不觉就开始用战术用语了)。因此,"全面战争"这一战略在战术上也许会让 A 公司——在战舰 B 和飞行分队 C 的掩护下——在 Y 月向 X 海滩发起进攻。

在穆尔盖特信息公司我们发现有时候为客户制定战略是一场活动中最困难的部分——尤其是因为战略有时候在一开始就特别明显。明显的战略——如动用陆海空的力量赢得战争——可能会让实现目标的战术变得僵化,可能导致灾难性的后果。

举例而言,公关活动的一个共同目标是为客户带来感兴趣的潜在客户。绝大多数客户认为,要实现这一目标,相应的战略是增加新闻报道,战术是撰写、发表一系列的新闻稿,然后再游说某一领域的新闻媒体进行报道。但这种战略是正确的吗?这要视客户的情况而定。如果客户是该领域的新生力量,或许刚发表了针对某一特定人群的新服务,那么通过在几个月的时间内发表文章树立公共形象无疑是最有效的方法。

但如果客户是某一领域的常青树,要捍卫自己的领先地位呢?在这种情况下,我们的战略或许应该是宣传客户的过往业绩,相应的战术包括撰写评论文章或宣传文章,或者对合作愉快的客户或已完成的项目进行案例分析。在这两种情况下,我们所采取的战术都是战略的产物,而我们的战略是让客户扬长避短。尽管目标一致，但对不同企业所采取的战略却有着天壤之别。

这一点非常重要，因为正如史蒂芬·西尔比格（Steven Silbiger）在《MBA十日读》(The 10 Day MBA)（1993年）一书中写道："战略规划不可能凭空产生，而是必须符合企业的情况，正如营销规划必须适合产品一样"。同理，在个人成长的过程中，我们也需要考虑自己的优势和劣势。

制定战略的好处

当然，制定战略有很多好处，正如罗伯特·卡普兰（Robert S. Kaplan）在《平衡计分卡战略实践》(The Execution Premium)（2008年）一书中总结道：

"战略计划能推进某一组织（或个人）加速采取行动，克服惰性和对改变的抗拒，"为我们对目标的追求注入动力。

确实，在《活得聪明活得好》中麦格劳指出，战略能让我们"不再漫无目的、盲目地依靠意志力"。在麦格劳看来，意志力是很神秘的，"是不可靠的情感兴奋剂，是头脑发热的表现"。

麦格劳表示，意志力会让我们暂时加倍努力，能帮我们实现飞跃，但一旦我们对之前所取得的进步不再有回应，那么我们就会放弃努力。因此，意志力对那些强烈害怕失败的人来说是一种很危险的兴奋剂,因为他们已经习惯受其情感和不安全感的驱使。麦格劳认为,更好的办法是制定并执行明确的战略——尤其是那些能将我们的情感动力排除在外的战略。

卡普兰和西尔比格都提到了企业,这显示了制定战略的另一个好处——将我们追寻目标的努力去个人化。正如我们在"第一篇"所说过的,这是对事不对人,只关心目标的实现,而不在乎我们是什么样的人。去个人化让我们把自己设想为公司——个人有限公司——这意味着我们专注于通过制定战略、采取合适的战术实现目标,而不是纠结于外界会如何评价我们的行为。这种专注显然有助于增强我们的判断力,因为我们不会再将一路上遇到的每一个小挫折都视为是对个人的最终裁决,因而这些挫折也不会破坏我们的决策力。

遵循"目标、战略、战术"顺序的好处

抱歉我在这点上要多加赘言,但拟定战略大纲还有最后一个好处。如前文所述,在穆尔盖特信息公司,我们在执行公关活动时先要在活动计划上写下战略,然后才是目标、战术以及——由于我们是公关公司——受众和信息。在客户表示同意后即可执行。但如果战术未能达到预期的效果,那么我们可以由下而上溯源,先假设战略没问题,质疑、更

换战术；如果这也不行，那么我们可以重新评估战略是否合适，最后再对目标进行重新评估。

如此，我们便拥有了某种结构信心，使我们在执行计划的过程中不必担忧目标的可行性，而将目标放在活动计划的顶端。只有战术反复出现问题时我们才会审视战略；只有当战略屡次出现问题时我们才会开始质疑目标的可行性。

那些正在康复中的强烈害怕失败的人如果采取这一方法将大有裨益。战术失败只是未能取得预期结果的行动点而已。但很多强烈害怕失败的人往往认为即使微小的挫折也是因为自己内心不可挽救的丑陋面引起的。这显然不对——这一结论完全是主观臆断（尽管这种想法可能是能自我实现的）——如果我们首先，将目标去个人化，将其视为个人有限公司项目的一部分，其次，将战略和战术与目标分离开，避免我们在执行过程中遇到的挫折成为阻挡我们前进的绊脚石，那么，我们就不可能得出这一结论了。

SWOT 分析

那么我们如何判断战略正确与否呢？如前文所言，我们的战略必须能够扬长避短，所以我们需要对优势和劣势进行评估。我们为客户采用的一个方法是先进行 SWOT（优势、劣势、机会与威胁）分析，并将分析结果写入活动规划。哈佛商学院也很推崇 SWOT 分析法，并在《战略》(*Strategy*)

（2005年）一书中——这里再次使用了战争的比喻——指出，如果指挥者不知道士兵能否执行作战计划，那么再好的计划也没有用。而要知道这一点需要考虑优势和局限。

通过SWOT分析，战略往往会变得清晰，我们会知道我们是否做好了执行准备，我们对所需资源的了解有多少，以及我们手头上是否拥有这些资源。这还能提醒我们注意那些可能出现的不稳定问题，以及我们能采取的或可以考虑采取的其他战术——或许这有点机会主义（这之前可是强烈害怕失败者的领域）。

这个方法适用于个人，也适用于公司。当然在我成立穆尔盖特信息公司的时候，这个方法也很有效。当时我的战略需要考虑我丝毫没有公关从业经验，在公关行业也没有人脉这一事实，但我有很强的新闻工作能力和在银行业的"良好"经历。

当时的目标很明显——创立一家成功的金融公关公司，先吸引大银行成为客户（大银行是我最了解的客户）。然后呢？我进行了SWOT分析，并在此基础上形成了明确的战略。如果没有经过SWOT分析，我可能还不会发现这一战略。

我的SWOT分析大概是这样的：

优势

拥有在金融新闻业和杂志编辑的良好背景。

在银行业拥有"良好"的经历——特别是在企业和投

资银行方面（英国和美国）。

在银行业和金融新闻业有广泛的人脉。

有一些创业经验。

强烈渴望成功。

劣势

没有实际的公关经验或履历。

曾在美国工作过，我在伦敦的关系网已经过时了。

缺乏自信一直是我的软肋。

由我背上的那只消极、固执的猴子所带来的许多其他不安全感。

机会

作为编辑，我记得我曾经被不了解状况的公关公司惹恼过——消息灵通的公关公司效果肯定就会比较好吗？

许多大型公关公司都在追求银行客户，但却忽视了企业银行业务，而这是个很大的市场。这部分是因为该市场的复杂性——针对的是非常聪明的金融高层。

由于遭到公关公司的忽视，许多企业银行家只好自己做公关——包括我之前也是（这样看来，事实上，我是有一些公关经验的——我只是没把它算进去）。但绝大多数银行家都觉得公关很难，也不知道自己做得是不是正确。所以他们需要帮助。

我创立公司的一个很大的优势在于我曾经营一家创业企业孵化器，现在正在出售中。

威胁

这家孵化器可能在我有时间设立穆尔盖特信息公司之前就关闭了。

我可能会被对手追上，他们会自己做——尤其是因为我们的目标客户现在都有签订合同的公关公司。

我或许会讨厌这件事。

我背上的猴子可能会打败我。

根据优势和机会制定战略

这样，我们就得到了一个明显的战略：专注于我过去所从事的企业银行领域，用我优秀的新闻写作技能吸引那些在公关执行中遇到困难的客户。由于我的其他经历，事实上，由于现有的公关公司在该领域的糟糕表现，缺乏公关行业的从业经验反而无关紧要，甚至还成了我的优势。

但是，我的一个明显劣势是人脉——这对公关从业者特别重要。但是，在意识到这一劣势后，我就能据此拟定早期的战术。我联系了我在伦敦剩下的一些熟人，请他们和我见面听听我的创业想法。我还抓住一切机会参加会议和酒会，重要的是，尽管有一半的人在听到我的创业计划时就皱起了眉头走开了，但我还是一直努力拓展人脉网。还有一半的人愿意听我说呢。于是我把注意力都集中到这些人身上，尤其是有个银行家开始抱怨要自己负责营销，他是个荷兰人却要为英语杂志撰写文章。

最后，我还阅读了我能找的所有网络材料（免费的），搜寻在企业银行业领域自己做公关的人。然后我会联系他们，小心地称赞他们的公关能力，同时向他们建议说我可以帮助他们拓宽公关的领域。

事实上，SWOT分析让我犯了一个战术错误——要是我早点注意到，这一错误本是可以避免的。考虑到缺乏人脉以及我的专业知识，我愚蠢地认为我可以联系其他公关公司，为他们的现有客户提供"白标签"服务。我像只无头苍蝇一样给十几家公关公司发了邮件要求会面，当然，那些即将成为我最强有力的竞争对手的公司巴不得我赶紧告诉他们我要如何夺走他们的客户呢。

要是我对公关行业有一点了解，我就会知道这一点——就像是雄暹罗斗鱼一样——任何一家公关公司都恨不得置对方于死地，这也意味着把知识产权拱手送给竞争对手相当于自杀行为。但是，我的竞争对手没发现这一领域的服务空白，所以并没有做出改变——也就是说直到我成立了穆尔盖特信息公司，他们才发现我的方法的价值。

与众不同

当然,尽管我自己没发觉,但我在创业的时候就想到了一个关键的战略概念:差异化——这一概念也同样适用于个人。

"专业化代表了世界前进的方向",著名的企业战略家杰克·特伦特(Jack Trout)在《特伦特论战略》(*Trout on Strategy*)(2004年)一书中写道。他指出,我们应该有一个关键的"差异点"把我们和他人(包括同龄人)区别开,以便在客户(或老板)的心中建立我们自己的品牌。

我们所处的领域或目标领域,包括我们的职业或企业的趋势是什么?世界的发展趋势是什么?哪些做得不好?为什么?如何改进?改进的过程中会遇到哪些阻碍?我们能扮演什么角色?我们想扮演这一角色吗?如果是的话,我们要采取什么战略?

但是,坚持差异化要有自信,尤其是当——以我为例——有一半的人认为我们疯了的时候(而且这些人往往是那些在某一领域非常有经验的人士)。但是,我在银行业做公关执行的经验以及我和其他公关公司的会面让我有自信不理会这些反对的声音。事实上,是他们让我相信金融公关市场仍有一块空白,在这块空白领域没有留着波波头的金发美女,也没有阿谀奉承(这些都是我不擅长的)。

事实上，我很感激这些人的存在，因为他们让我显得更加与众不同。我可以把自己的劣势转化为优势。史蒂芬·钱德勒（Steve Chandler）（2001年）也曾鼓励我们"利用自己的弱点"。

他指出，我们应该把我们最不喜欢的那些特质、倾向和特点转化成我们的标志性资产，并以阿诺德·施瓦辛格（Arnold Schwarzenegger）为例，施瓦辛格把自己的奥地利口音变成电影的卖点，还利用自己政治局外人的身份赢得了选举。

"跳下飞机"的那一刻

根据既定的战略，我们可以开始执行战术——真正的在Y月袭击X海滩。研究市场寻找合适的企业客户是战术，递交求职申请是战术，在某一特定行业开发人脉也是战术。战术是我们为实现目标马上要采取的行动点——往往被隐藏在关系建立、技能获得或研究等名目下。这些行动点是非常关键的。对康复中的强烈害怕失败的人而言，这就相当于要跳下飞机的那一刻，不论你学了多少、接受了多少训练、检查了多少遍降落伞，你在那一刻还是会感到恐惧。

事实上，事前准备就是我们的降落伞，有了它才有行动——因为在制定战略的时候，下一步应该是合理的，哪怕不是显而易见的。这里有一条重要的原则是，我们下一步必须做那些我们觉得是最合理的事情。要相信看起来明显要做的事几乎都是正确的——因为这是规划的结果。这种时刻就像是拉下机器杠杆的那一刻，而机器底部跳出来的小部件自然也是看起来非常熟悉的。

"简单是第一原则"。

至少《孙子兵法》（Art of War）是这么建议的。而美国企业家和孙子思想的追随者史蒂芬·迈克逊（Steven W. Michaelson）将该思想运用到商业经营中，并写成了《孙子的经营之道》（Sun Tzu for Execution）一书（2007年）。"过于复杂的经营之道不见得会成功"，他写道，而"简单的想法如果得到大力推行，往往能够获得成功，尽管它们有这样或那样的不足"。

很快很多讨论战术的商业书籍开始争先引用这位中国著名的兵法家。但在运用孙子思想方面，迈克逊仍是其中的佼佼者，因为他关注的是如何执行。例如，他指出企业规模并不重要——"兵非贵益多也"，而事前的准备才是关键，比如事先占据有利地形——"在孙子看来，地利可左右战争的形势"。态度也同样重要——"积极的态度能战胜消极的态度"，同理还有速度——"兵贵神速"，和机会——"伺机而动"。

在所难免的一战

《孙子兵法》——特别是迈克逊翻译的版本——可以让我们对眼前的战争提高警戒。但这并不是对所有人都有效的,特别是因为很多强烈害怕失败的人并没有多少作战经验。强烈害怕失败的人在面临战争时往往会"因伤退赛",觉得自己在战术上或装备上都不如对手,而对手很可能就是个经常夜读《孙子兵法》的家伙。的确,如果我们回顾一下阿特金森的那些实验,我们会发现战争是强烈害怕失败的人最厌恶的事。如果我们想要激发他们的动机,拿战争做比喻会让他们产生反感。

但在这一点上,我们就是我们自己最大的敌人。我们试图要打败内心的恶魔,获得进步。而这免不了要打上一仗。在这一点上,我们不能采取绥靖政策。不论我们的目标是什么,我们都会面临外界的竞争。每个升职或工作机会都面临很多求职者的竞争,有很多公司要争夺我们的潜在客户,也有很多对手觊觎我们的个人目标。我们在生活中已经失败太多次了。

而为那些拥有强烈成就动机的人让路因为他们最后肯定会赢的,这种想法已经不可行了。自我实现的失败主义在康复中的强烈害怕失败的人的脑中无立足之地。我们要表明我们的态度,因此免不了要有战争(但正如我们即将发现的,并非所有的战争结果都是非赢即输)。在这一方面,孙子似乎能很好地帮助我们做好作战的心理准备。

战术执行守则

在决定投入战斗后,我们要如何联合各种力量取得胜利呢?在这个时候,我们能制定哪些战术守则以确保赢得支持呢?孙子那些充满男性荷尔蒙的思想对今天的我们有什么指导意义?打扮成中国古代的武士,举剑拿盾在办公室厮杀已经过时了。

和以前一样,我试图从商业和个人书籍中寻找肯定的答案。后来,我匆匆写下了自己的看法,并且觉得这些想法并不亚于那些商业书籍能教给我的:

战术只是为实现目标而采取的一系列的行动。往往是线性的结构(一个接着一个)。

大部分战术都是一个一个的行动点——联系、写信、打电话、开会等,但也可以是发展变化的——了解课程、培养能力等。

事实上,应该用一系列的标题来组织你的战术,如研究、技能获得、关系建立,或一些更加立竿见影的战术,如申请、联系、阅读书单等。

战术可以是小步骤,也可以是大飞跃。但大飞跃并不常见,而且往往让我们误入歧途。事实上,如果可能的话,应该把大飞跃分解为一系列的小步骤,引导我们获得一系列的小成功。

有规划的行动点需要考虑到下一步和在第一阶段的目标实现后要采取的系列步骤。

当下的战术应着眼于你的优势，而中期战术则可着眼于克服弱点。

那些旨在克服弱点的战术应注重为中期目标的实现而收集信息或学习技能。

执行战术只适用于我们有能力完成的情况。单纯建立在勇气上的飞跃是毫无意义的，很可能会徒劳无功，因而应予以避免。

不要把战线拉得过长，而要集中精力赢取小的胜利，然后再继续前进。

在日记中记录截止日期、重要事项、结果评估和所取得的（小小的）胜利（和遇到的挫折）。

应主要依据截止日期来决定处理行动点的顺序，但要确保所采取的每个行动都能让我们更接近目标，且不能错过其他对实现目标或许更为重要的截止日期（也可见下文的"控制过程"）。

预先计算每个战术的成本（各方面的成本，包括精神成本、财务成本、社会成本和物质成本），做好付出的准备。因成本而半途而废是让整个项目失败的最快方法。

事实上，要考虑一些超支因素——这肯定会发生的。

只有在清楚某一战术会带来什么样的结果时才能开始

这一战术，并且只专注该结果——在现实中，其他结果大部分都是挫折。

要随机应变。结果是不可预知的。如果结果出乎我们的意料，我们或许不得不快速调整战术。正如普鲁士元帅赫尔穆特·冯·毛奇（Helmuth von Molke）所说："任何计划都要根据敌军的情况而改变"。

了解每个战术可能存在的副作用——并做好准备，但不要期待这种副作用，而是要期待赢得小小的胜利。

在制定目标后，你需要制定战略——确保你的战术行动点服务于你的目标。该战略需要考虑你的优势和劣势。战术也是你每天都要采取的小小的行动——通过累积小小的胜利获得巨大的进步。

第十章　判断力和灵感

良好的判断力是执行任何计划的关键。我们依靠良好的判断力在正确的时间做出正确的决定。但那些强烈害怕失败的人在做判断的时候往往会很挣扎。例如，有多少次当别人让我们靠直觉做决定时，我们因为强烈害怕失败，我们的直觉可能是恐惧、不安全感或者是别人对我们的轻视或偏见？对康复中的强烈害怕失败的人而言，要做出强有力的决定，我们可能不得不忽略或者克服我们的直觉。

在《判断力》(*Judgment*)（2007年）一书中，研究领导力的学者诺尔·迪奇（Noel M. Tichy）和沃伦·本尼斯（Warren G. Bennis）写道，良好的判断力需要良好的性格和内心强大的道德准绳，而我们——强烈害怕失败的人——可能会觉得我们二者都不具备。但强大的长期目标和深思熟虑的战略是我们做决定的最有力的依据——任何判断都不是关于我们个人，而是为了实现目标。如果我们把活动分解成目标、战略和战术，那么我们就能够在较低的层面上做决定——不论结果如何——这一决定都不会对上一级产生立即的影响。

做判断的三个阶段

在迪奇和本尼斯看来,做出判断的过程可分为三个阶段。首先是前期阶段:分辨真正需要的判断,"拟定并命名"所需的判断。其次是"抉择"阶段:做出决定,但我们首先要根据需要尽可能地收集信息,在这过程中,我们或许会发现信息不够或需要招募不同的人。最后是"执行"阶段:将决定付诸实践。这一过程需要我们全情投入。

如果这一决策过程听起来很冗长,那就这样吧。我们需要时间做出正确的决定,特别是那些康复中的强烈害怕失败的人更是如此,因为他们过去做的决定可都不怎么样。

迪奇和本尼斯写道:"良好的判断力并不是神奇的灵光一现。在现实世界中,要做出良好的判断,尤其是在重大事件上,往往是一个递增的过程。"

这和史蒂芬·柯维的想法不谋而合,柯维(1989年)曾说过,改进我们的反应的最佳方法是专注于"刺激物和反应"之间的距离。如果我们能拉长这一距离,那么我们的决定就会较少关注我们的情感(这是强烈害怕失败的人的共同特征),更多关注如何实现目标,而这能产生更好的结果。

在危机中体验喜悦

迪奇和本尼斯还提到，决策包含三个方面：对人的判断、对战略的判断以及对危机的判断。我们将在后面的章节中讨论对人的判断，而我们已在上文中讨论过对战略的判断，那么什么是对危机的判断呢？

危机意味着康复中的强烈害怕失败的人是时候走出阴影采取行动了——因为他们已经不可能蒙羞。事已至此，情况已经糟得不能再糟了，因此强烈害怕失败的人反而可以不顾失败的羞辱而冒险行动——这让我们想起了吉恩·克兰兹和他说"永不言败"时的情景。

当然，当危机出现的时候，我们必须负起应对危机的责任，等到危机过后再追究责任。但我们应从非个人化的角度感谢那些制造危机的人，谢谢他们让我们有机会做出强有力的决定。

在史蒂芬·钱德勒看来（2001年），我们在遇到每个问题时都应寻找其中的正面因素。例如，不满意的客户就是我们最常遇到的公关危机。如果这一危机是由外部因素引起的——或许是某些糟糕的宣传——那么，这次危机就会让客户更加依赖我们。我们就像是及时赶到的救火队，挽救了局势，收拾了残局（往往还要和生气的新闻记者吃顿午餐，好"重新教育"他们）。如果是由内部因素引起的——客户对我们不满意——那么，这往往是我们重新审视活动规划、战术和战略（在经过屡次战术失败后）的好机会。

如果问题真的出在我们身上，那么这往往是我挺身而出、大显身手的机会。我可以负责某一项目或重新负责该客户的项目，而完全无损于员工和客户对我的评价。如果连这个方法也失败了，让我们失去了这笔生意——这种情况并不常发生，因为我们的活动规划有很好的结构优势——那么，我们可以从错误中学习，或许可以重组团队。

50%：50%

关于判断力的最后一点和那些模棱两可的抉择有关——特别是当哪条道路更有利于我们的长期目标并不总是明显的时候。在不相上下的大学教职、职业道路、工作机会、升迁机会甚或是员工人选间做抉择都是我们人生的关键决定，对强烈害怕失败的人来说，这种时刻会引发他们源于恐惧的不安全感，从而做出错误的判断、犯下严重的错误，或者干脆放弃决定。这些是左右人生的重要决定，而且在这种时刻，我们背上的那只"猴子"往往能看到我们内心龌龊的一面。

做这些决定并不容易，我们也无法完全消除恐惧。我自己的方法是以自己考虑的选择为标头——比如说伦敦大学学院和东英吉利大学——然后在下方列出影响该决定的因素。对大学来说，这些因素包括：课程结构、课程声誉、学院声誉、所在城市、离家的距离、在该学校任职的朋友、夜生活和住宿条件。然后逐一打分，重要的是要计算各项的权重（或许可以把一些外围因素综合考虑，如所在城市和夜生活等）。如果结果不是我们想要的，那么这至少能帮助我们确定我们倾向的选择。

此外，我们不该后悔做过的决定。后悔是强烈害怕失败的人的一大特征，我们大部分的时候都在两所不相上下的学校之间犹豫纠结；"要是"我们选这所或那所学校。当然，我们往往认为如果我们选择另一所学校，我们的目标就会实现，我们就不再害怕，然后我们就会懊恼自己当初的选择或犹豫不决。同时，我们在现实世界的炼狱之旅还在继续——每次在需要做出抉择的十字路口，对过去的追悔就会成为我们前进的阻碍。

但对未知的事物表示后悔是很疯狂的。这完全是自找苦吃，也很容易被驳倒，原因很简单，因为我们强烈害怕失败。如前文所述，强烈害怕失败的人的不安全感是天生的。没有什么决定或成功能消除我们内心的恐惧，将来我们仍会有现在的这些感受——即使我们做成了各种正确的决定，实现了各种疯狂的梦想（如上文所述，深入观察名人的行为就可证明这一点）。

我们还要记住在每个人的人生中都会遇到许多艰难的

抉择，选择对或错的机会都是50%。单纯的概率告诉我们，我们会做出一些正确的决定和一些错误的决定，因此只看到那些可能是（但不一定）错误的决定只会让自己变得沮丧。

当然，对强烈害怕失败的人来说，这种平衡的想法有点勉强，所以我们还可以想说，"像我这么倒霉"，要是选择另一条路，我很可能第一天就被公交车撞了。

灵感所带来的虚假的希望

和判断力一样，灵感也是重要的执行工具。同样，强烈害怕失败的人在这一方面也会遇到诸多问题。许多强烈害怕失败的人都很有想法，但绝大多数都无法将其付诸实践。慢慢地，我们变得无法区别好的想法和糟糕的想法，甚至对我们的创造力感到不安（尤其是当我们看到别人执行我们的想法的时候）。对那些强烈害怕失败的人来说，想法有时候就像白日梦一样，经常只带来一些虚假的希望，加深我们的挫折感。

但是，还有一些强烈害怕失败的人挠破头也想不出创意——这或许是因为，他们被现在的地位所困，大脑负责创意的那部分已经停止工作了。因此，尽管强烈害怕失败的人生性敏感，容易产生创意，但如果我们感到吃力，这或许意味着我们的创意之火已经熄灭或者——可能更糟——

我们被自己的想法折磨得痛苦不堪。

这对我们战略的实施可不是好消息，因为"摸着石头过河"除了需要良好的判断力还需要丰富的想象力。

广告业高管杰克·福斯特（Jack Foster）在《如何获得灵感》（*How to Get Ideas*）（1996年）一书中指出，能想出好主意的人知道这些好主意是存在的，也知道自己一定能找到，尽管一开始可能看起来没什么用处。如果我们不确信好的主意的存在呢？如果福斯特的意思是想出好主意的最重要的因素是自信，那么那些不自信的人无疑是会失败的，至少是在创意这一方面。

但我们还有希望。对福斯特而言，关键问题是我们是用成人的思维去思考的。成年人想得太多。我们的经历限制了我们——对强烈害怕失败的人来说，过去的经历往往都是消极的。当成年人试图思考的时候，界限、规则、恐惧都会接踵而来，占据我们的脑海。

因此，答案就是像孩子一样思考。当我们还是孩子的时候，我们都喜欢不受规则或界限的束缚，自由自在地幻想，所以我们需要——再一次——像孩子一样天马行空地思考，而不管想法是否符合逻辑或愚蠢。

福斯特引用天文学家卡尔·萨根（Carl Sagan）的话说："儿童是天生的科学家。他们一开始就会提出深刻的科学问题。比如，为什么月亮是圆的？……等上高中的时候，他们就很少会问这样的问题了。"

对强烈害怕失败的人来说，这是因为他们对失败的恐惧在起作用——随之而来的还有对公开蒙羞的恐惧。

但是，几乎所有的孩子都经历过"十万个为什么"的阶段，我们应尽最大努力回到这种富有创造力的状态，像孩子一样好奇，表达自己的想法。

事实上，强烈害怕失败的人是很有可能做到这一点的。如上所述，强烈害怕失败的人往往都非常敏感，很有想法，但是害怕这些想法可能会招致非议。这和其他从事创意行业的人没有什么不同：设计师、作家、艺术家都对批判意见非常敏感。而他们和我们（强烈害怕失败的人）之间的唯一区别是，他们成功克服了自己的恐惧。他们是怎么做到的？坚定的目标、深思熟虑的战略和执行得力的战术。这意味着他们的网状活化系统关注的是他们的创造力，而不是敏感。

而强烈害怕失败的人则把注意力放错了地方，结果，要么完全丧失了创造力，要么扼杀了创意的潜能。但是，如果我们把网状活化系统对准目标的实现，我们的想法很可能会帮我们实现积极的目标，而不是助长那些黑暗的思绪。

詹姆斯·韦伯·扬（James Webber Young）是创意界的孙子。在其20世纪60年代出版的《产生创意的方法》（A Technique for Producing Ideas）一书中，他提出了一套他认为有效的流程，帮助广告创意者寻找创意。

韦伯·扬认为，"产生创意的流程和福特汽车的生产流程一样明确"。

他指出,创意的产生要遵循几个一般原则,其中一个原则是:创意或多或少都是"对原有的元素进行重新组合"。这和喜剧演员的创意流程有相似之处(要像孩童一样思考,福斯特的建议是研究喜剧),和喜剧一样,这里的关键是发现不同事物之间的联系,从而创造出另一版本的(或许是有趣的)现实。

韦伯·扬随后提出了一个简单、直观的方法:

收集一切和当前问题有关的"原始资料"——包括一般资料和特定资料。

把资料放在容易找到的地方(指视觉方面而不是电子方面)。他建议在经典的索引卡(6×4英寸)或剪贴簿中记录要点。

对信息进行仔细斟酌——反复阅读。注意信息的不同方面——不一定和问题有关。

把信息放在一边。做点别的事情(韦伯·扬以夏洛克·福尔摩斯为例,福尔摩斯总是在办案途中带华生去听音乐会)。

重新对信息进行研究,寻找恍然大悟的时刻。

把想法最终整理成型——或许可以请他人对此进行评价。

但是,要是我们遵循这些步骤却想出了烂主意呢?在福斯特看来,这个世界上没有糟糕的主意。就像托马斯·爱迪生（Thomas Edison）和他的灯泡、橡胶实验一样，所谓烂主意不过是帮助我们发现好主意的过程而已。有些烂主意本身并不糟糕——只是我们没有正确认识其价值。例如，理查德·德鲁（Richard Drew）——透明胶带的发明者——第一次找人试用时，试用者却让他"拿上胶带……把它扔了"。

没有所谓最终的想法

但是，我们要记住，没有所谓最终的想法。在福斯特看来，每个好主意都能产生一个更好的主意。这应该能激励我们不断改进、补充我们的想法，快速用新的、更好的想法替代那些较差的想法。事实上，只要我们仍在思考，我们迟早会想出正确的想法。

福斯特还提出了一些有关改进想法的建议，包括：

视觉化思考——用图像思考的人比用文字思考的人更有创意；

横向思考——目标的实现过程或许是线性的，但是创意却不一定。横向跨越也很重要——同样重要的还有那些看起来毫无方向的跨越。

不要假设边界——至少在创意产生阶段，不应对其预先设限。

制定一些限制——尽管这听起来有点自相矛盾，但是有些时候，有限的条件往往能激发灵感。如果我们必须用不超过 900 个单词来描述某件东西或在某一特定的空间内进行设计，那么这一限制条件往往能激发我们的想象力。福斯特指出，凯撒沙拉的诞生就是因为厨师当时只有这些食材。

坚定的目标和经过深思熟虑的战略能帮助你摆脱强烈害怕失败的人常有的恐惧，提高你的判断力。它们还能释放你的创造力，帮助你想出好主意，实现战术上的进步。

第十一章 控制过程

"控制过程"是我当时未来的老板、现在的前老板送给我的一句话。当时,在一年一度的银行员工活动中,他邀请我作为金融记者谈谈企业银行业的竞争形势。

这是我第一次要结合我的专业知识给一群真正的从业者做演说,所以我认真准备了很长时间,希望演讲能够完美。同时,我也嗅到了这背后的工作机会。

一天,我花了一上午站在酒店房间的镜子前练习,一直给自己鼓劲,为了看起来放松和更有权威感,我还去游了趟泳。我什么都想到了,但却没想到中午会被锁在门外,而我的笔记可能还在房间里,也可能被清洁工收走了——这都是因为我忘了延迟退房的时间。

事实上,主办方对此早已有过提醒,但我却不以为意——因为我当时一心只想着准备演讲,没有考虑这些实际的或紧迫的问题。

当我跌跌撞撞闯进演讲大厅,激动地和清洁主管交涉的时候，我当时的未来老板对我说，"要控制过程，小子"。我的笔记没有被丢掉，但已经被"整理过"了。我很害怕自己会出丑，所以整个演讲过程都非常紧张，表现很不好。

特别是当时我未来老板居高临下的评论毁了我的演讲。事实上，我心里非常怨恨这件事。就评论本身而言，他说那些话完全不是为了缓解我的紧张情绪的。但这并没有阻止我在未来几年后把这句话作为团队格言。尽管这句话很浅显，但是我就是喜欢这种凌驾一切之上的优越感。这听起来就像是老板应该对慌慌张张的下属说的话——这个下属跟上级相比没有任何优势（助理、辅助系统、一等票和多年的经验等），因此上级的期望让他（她）备感压力。

但是，尽管这句话不足以激励团队的成员，但对想要变得更有条理、获得成就动机的我们来说却非常有用。这句话是让我们把每一件小事做好，做事变得有条理，从而为战略战术的执行腾出时间和空间。这能让我们克服诸如"我没有时间"、"我太忙了"或"我做事太没条理"等精神障碍。

谁都可以变得高效

那么，"控制过程"究竟是什么意思？在我前老板看来，这意味着"想清楚需要做哪些事，什么时候做，然后照做就是"。此外还有必要补充一点，时间和任务管理并不是什么技能、天赋或技艺,而是一种流程。没有人天生效率就高,谁都可以变得高效——只需做好准备,按部就班,然后把高效的流程变成一种习惯。

正如现代厨房的设计可以让我们在数分钟之内做出丰盛的菜肴——如果需要的话,现代卫浴设计可以让我们一早快速完成洗漱,整个人焕然一新一样,我们只需做好适当的准备,然后按部就班地执行,就可以将生活的其他方面变得同样高效。

时间管理大师亚力克·麦肯齐(Alec MacKenzie)在《时间管理》(*The Time Trap*)(1972年)——有关时间管理的开山之作——一书中写道:"控制时间意味着承认我们自己,而非他人往往才是问题所在。这意味着要努力改变固有的习惯。这意味着要对抗人性中的消极因素。"

麦肯齐谈到了人性中与时间管理法则相悖的一些特征,如自大、想要取悦他人、怕得罪人、害怕新的挑战等,这些都是强烈害怕失败的人的典型特征。我们或许会觉得我们无法控制工作环境,但麦肯齐指出屈服于外在压力也是人性,比如当我们忙得焦头烂额的时候还会去接电话,然后再责怪打电话的人干扰了我们的工作。

柯维提出的四个"活动框"

那么,我们能扫除成长之路上的一切障碍吗?当然,但我们必须先扫除思想的障碍。

史蒂芬·柯维（1989年）指出，我们在清醒的时候所进行的每一项活动都属于四大活动框（或象限）的其中一个，他将这四大活动框称之为"时间管理矩阵"。这个看似重要的概念的含义其实很简单——所有的活动要么"紧急"要么"不紧急"，要么"重要"要么"不重要"。

我对这四个活动框稍微做了修改：

活动框1：紧急且重要。

活动框2：紧急但不重要。

活动框3：不紧急但重要。

活动框4：不紧急也不重要。

柯维认为，我们把绝大多数时间都花在紧急的事情上——要么"重要"，要么"不重要"。虽然活动框1或许包括非常有价值的工作，如需要立即处理的有价值的任务和时间紧迫、目标明确的项目等，但一旦我们完成活动框1的工作后，我们往往马上就着手处理活动框2的工作，原因很简单，活动框2里的任务也是"紧急"的，所以需要优先处理。

但这完全无益于我们的进步。强烈害怕失败的人往往就被活动框2里的任务——紧急但不重要——打乱了阵脚。由于无法确定事情的优先顺序，又不敢拒绝别人，像我们这样强烈害怕失败的人虽然试图要在活动框1和2之间取得平衡，但却不知道哪些事能帮助我们实现目标，哪些事让我们暂时摆脱他人的纠缠。将这两种事情混淆在一起会扼杀我们成长的潜力，而这种潜力都蕴藏在活动框3里——虽然不紧急但却重要的任务。

活动框2让我们觉得自己做了很多事情，但事实上都只是些干扰而已，如邮件、电话、会议、回答隔壁同事的问题和其他毫无意义的事情。而活动框3里的任务却是能影响我们未来的重要的事情，如研究、建立关系、申请、学习技能和规划等。

令人惊奇的是，活动框3里的任务虽然最为重要但却也是最不受欢迎的。在活动框1和2里忙碌了一天后，我们会毫不犹豫地选择活动框4里那些"不紧急也不重要"的事情来逃避。虽然一旦我们掌握了时间和任务管理的流程，活动框4里也有可能出现一些可被定义为"重要的"娱乐活动，如家庭活动或体育锻炼，但绝大多数活动真的都是在浪费时间——通常是不费脑子的电视节目或上网等。

重新思考时间观念

那么，我们如何才能关注活动框3里的活动呢？关键是对我们的时间观念进行反思。

企业咨询师和大学教师尤金·葛里斯曼（B.Eugene Griessman）在《时间舵手》（*Time Tactics of Very Successful People*）（1994年）一书中指出，"我们或许有所谓的休闲时间，但没有人有所谓的空闲时间。不管你是躺在泳池边休息或去欣赏一出演出，这都不是空闲时间。所有的时间都是有价值的。"

葛里斯曼认为我们应充分认识到时间的价值，如有必要，赋予每个小时你认为合适的理论货币价值。尽管在思想上将现有的时薪翻番是个不错的开始，但这么做的目的不是要变成"极端物质"的人，而是要让你意识到——当会议过于拖沓或当你花了太多时间和同事聊天的时候——你为这些会议和闲聊（甚至还有下班后无意义的活动）所真正付出的代价。

葛里斯曼建议我们，如有必要，（或许在日记里）记录自己一天 24 小时是如何分配的，那么一段时间后，你就可以分析哪些事情占据了你的时间，及其相应的成本。那么你很快就应该知道在哪些方面需要提高效率——看哪些活动是不重要的，然后缩短其所占的时间，或干脆去掉这些活动。

建立时间表

但是，葛里斯曼的建议有时候会显得过于复杂，而柯维的方法要简单得多，让我们好像又回到了学生时代——制定一张类似学生作息表的时间表，将从早八点到晚八点这段时间以每小时为单位制订计划，再留出晚上大段的时间。你应该对白天的每个小时都做出安排——重要的是，这能让你腾出时间处理关键的活动框3里的任务，从而帮助你一步步实现目标。

时间表要涵盖一周七天，记录每周和每天的优先事项，以及你在生活中所扮演的各个角色（如父亲、丈夫、经理、未来创业者等）在一周内所要实现的目标。对每一项任务的时间分配要切合实际，此外还要严格在规定的时间内完成任务——在完成某一任务之前不能做其他事。

但就算是这一方法也有可能无法持久。这一方法能有效地帮你更好地进行时间管理，让你不被活动框2里的任务所迷惑。但是只有那些斜视的自我激励者会愿意严格地遵照时间表生活，就像孩子一到点就被拖去打羽毛球一样。制定时间表很容易，但却很难执行，因为一个人的精力和积极性会有起伏。例如，如果你安排周五下午的最后两小时用于"创意"，那么你可能都提不起劲儿来做这件事，但这个时间却是和其他队友在酒吧里交流想法的最佳时机。

在《时间管理》一书中，麦肯齐建议我们在为"理想的一天"制定时间表前先了解我们的能量周期。当然，对时间表要灵活运用，我注意到如果我从周一开始就严格执行柯维的时间表，那么在周三前我就能完成绝大多数活动框1和2里的任务，这样我就能在周四和周五集中精力处理活动框3里的任务（在周末处理活动框4里的任务）。

积极地应对干扰

但是，我们该如何处理那些让我们分心的烦人的活动框 2 里的项目？当然，我们不可能排除一切干扰——至少这会让我们变得不受欢迎。但是，我们可以安排特定的时间来处理这些事情——或许是上午九十点或下午五六点的时候。可能久而久之，你身边的人就会习惯你只在这一特定的时间处理这些"紧急"但不重要的事情，而不会觉得受到了冒犯。

至少你可以尝试一下，但如果你采取主动会更有效。活动框 2 里的任务往往都和一小撮同样的人有关，所以你可以在上午九点的时候给这些人打个电话，询问有什么需要帮忙的，因为如果你让他们觉得受到重视（尽管你内心可能对他们带来的麻烦一直在翻白眼），那么你就能向他们成功地传递"我的手头有个重要的项目要忙，希望能尽量不受干扰"这一信息。

清除路障

但是，要是你面前的道路过于杂乱让你甚至都走不到这一步呢？这往往意味着你一开始就遇到了路障，而这个路障是如此之大，让你看不清前方的路。在《2 分钟轻松管理工作与生活》(*Getting Things Done*)(2001年)一书中,高级经理人导师大卫·艾伦(David Allen)认为我们的首要任务是培养自己的掌控力,专注于过程——如为完成某一重要的项目或任务,我们或许可以将所需要做的事情一一列出并逐一完成。

这一过程或许并不容易,但只要你牢记目标,那么你应该很快就能扫除障碍。即使存在路障,柯维的时间表也可以帮你在清除路障的过程中更加灵活地制定行程,如每天花一个小时处理活动框3的任务。

在《一小时的威力》(*The Power of an Hour*)(2006年)一书中,企业咨询师戴夫·拉卡尼(Dave Lakhani)谈到了"有强大威力的一小时",在这一小时中你可以想办法清除这些路障,如需要做出哪些改变,改变的结构是什么,有哪些可能的解决方案,未来要采取哪些步骤,任务完成后要如何奖励自己,等等。如书名所示,拉卡尼把人生的任务以小时为单位进行分割,在这一小时内我们要高度专注,但每隔一个小时可以稍事休息。

拉卡尼说,"尽管你貌似最需要时间,但并不尽然。你需要的是专注——专注于某件特定的事情"。

这和柯维的时间表相得益彰。在这一点上,拉卡尼也和大卫·艾伦不谋而合——在一开始遇到路障的时候,在某个地方——如活页文件夹——把你现在、以后或某个时间需要做的事情用符合逻辑、有条理的方式记录下来。一旦你合理地对路障的大小和清除的方法进行评估,你或许会发现路障并没有它看起来的那么难以逾越。

"工欲善其事,必先利其器"

在处理大任务前,我最喜欢做的一件事就是买文具。文具能帮助你变得有条理,就像登山者在探险前会花数小时检查装备,以此来表达对这一冒险的雀跃之情一样,你应该爱上文具店。文件、文件夹、钱包、分类记事本、收文篮、便签等,这些都是你"登山"所需的装备,所以你应该采购一些新的、闪闪发光的工具,并将它们一一整齐地摆在桌上。

你还应好好整理桌子。大卫·艾伦曾说我们应该专门安排时间整理工作环境:整理必要的家具、柜子、收文篮和电子设备,确保它们按照你要的方式排放,能满足你的需要,既高效又美观。一旦整理完毕,这个工作环境应让你感到舒适,因为这会是你前行途中的"驾驶舱"。

这也是史蒂芬·柯维所谓的"工欲善其事,必先利其器"——也就是他的第七个习惯。在《高效能人士的七个习惯》一书中,柯维讲了一个小故事。故事中有人建议锯树的人先把生锈的锯子磨一磨。

但锯树的人一边回答说"我没有时间磨锯子,我很忙",一边费力地锯树。

所有的"成功学"作家，甚至亚伯拉罕·林肯都同意这一点。

林肯有一句名言："如果我有六个小时砍掉一棵树，那么我会先花四个小时磨斧子"。

当然，事前的准备和合适的工具一样是提高时间和任务管理效率的关键。

葛里斯曼（1994年）曾建议我们"改善工作环境，提高效率"，并购买一些能提高我们工作效率的文件和设备。

如果你觉得便签和文件听起来有点过时，我们完全可以把柯维的时间表电子化，同理还有项目文件。但是，在我看来，艾伦建议的"收集桶"应该是具体的实物，用来装一些未完事项，让"你可以暂时不用想它"，但又能清楚地知道这是"待做事项"。我的电脑硬盘上装满了各式被遗忘的文件夹，但是放在我桌上的每个文件夹里的事项都不会被遗忘，不论文件夹被藏得有多深，或者我最终决定将其扔掉。关键是它不会被遗忘。

"待做事项"列表和"查检表"

提醒或"待做事项"列表也是一样。你甚至可以将其写进日记里，但我希望我的日记更加私密，所以我更喜欢在那些六英寸长、四英寸宽的卡片上列出未来几天的待办事项，完成后再一一划掉。卡片的这一尺寸很重要，因为这让我在一张卡上只能列出大概 12 件待办事项。当然，有些事项会交给别人去办，而有些会从一张卡延续到另一张卡上，但这会帮我重新评估这些事项。然后我会将这些卡片竖着放在键盘后面，这样我一整天都能看见它们。我会用下划线把卡片上属于活动框 2 的事项标记出来，然后在下午五六点的时候处理它们。

重要的是，我们需要像重视活动框 1 一样重视活动框 3。此外，我们还要列出每一件与"控制过程"有关的事，如更换护照、去干洗店拿洗好的西装、为妻子买生日礼物等，在完成后再将其划掉。

葛里斯曼（1994 年）建议我们"学会利用查检表"，但他也指出不能将其和"待办事项"列表混为一谈（如前文所述）。查检表上列的是高效完成某一任务所需采取的各项步骤。例如，查检表上可以是出国旅行所需的各项东西，或者是能让我专心准备演讲所需要做的事，包括给前台打电话要求晚点儿退房。

查检表要求巨细无遗，但顺序也很重要。在《2 分钟轻松管理工作与生活》一书中，大卫·艾伦将工作流程分为五个阶段：

收集 创建文件（实物），涵盖待办事项列表上的所有事项。

处理 思考如何处理每一事项：马上处理还是在完成另一件事项后再处理？需要做哪些事？是"仅供参考"，还是"需进一步研究",还是"马上联系"?

组织 建立系统(或许是查检表)反映你列出的优先顺序,以及完成每一事项的可行计划。

执行 完成可以完成的。艾伦建议我们可以根据以下四个标准判断自己是否可以行动:场所(地点:是在家里还是公司)、时间(需要多长时间、是否已在时间表上列出)、精力(你能坚持到最后吗)和优先顺序(这需要马上处理吗,有更紧急的事吗?但要小心不要被活动框2的事项混淆。如果现在不处理,那什么时候处理?)

检查 利用柯维的时间表安排时间每周对文件进行检查,再回到"处理"阶段。

如果是葛里斯曼,他很可能会在艾伦的列表上加一条"马上完成"。葛里斯曼认为如果在项目开始后又中途放下做别的事是很有害的,因为如果这样,我们还要花时间想"上次做到哪里了"。有些项目是无法一次完成的,但很多项目可以也应该一次完成。此外,如果要中途停下来做别的事,那么你一定要先写下来再次开始的时候需要做哪些事。

葛里斯曼还建议我们"反思'有什么更容易的办法'"。

他说道,"寻找简单的办法可能是你能做的最聪明的事。不要把瞎忙和效率混为一谈"。

先处理最糟的事情

葛里斯曼给出的最后一个建议是,先处理令人不愉快的事情。立即处理那些最让人难受的任务可以让它们变得比较可以忍受。事实上,这些任务往往就是那些挡在我们面前的路障。

布莱恩·崔西(《目标》一书的作者)在《吃掉那只青蛙》(*Eat That Frog*)(2004年)一书中也说了类似的话,只不过语言更为形象——他的建议是,如果我们"每天早晨吃掉一只青蛙",那么我们就完成了一天内最让人难以忍受的事情。他指出,我们应找到隐藏在待办事项列表或查检表里的那些"活青蛙",然后先对付它们——学会"把困难的问题当作点心享受"。

当然,崔西说的"青蛙"指的是那些阻碍你成长的最大、最重要和(或)最困难的任务。

崔西指出,"把精力集中在最重要的任务上并很好地完成,是取得伟大成就的秘诀",意思是青蛙富含"高蛋白",能让你更好地处理其他的任务。

优先顺序和效率

这就引出了崔西对优先顺序的思考——一个可以进一

步完善待办事项列表或查检表或柯维的时间表的小窍门。崔西称之为"成功 ABC",当然还有 D 和 E。崔西建议我们用 ABCDE 把待办事项列表上的任务分门别类。"A"表示必须尽快完成否则将"面临严重后果"的任务;"B"表示重要但"后果较不严重"的任务;"C"表示容易但"无后果"的任务;"D"表示可交由他人完成的任务(见第四篇);"E"表示应该被删除的任务。当然,在压力大,人们可能会把所有的工作都标记为"A"和"B",这在崔西看来并不无可,但"要对它们进行分级,如 A—1、A—2、A—3 等"。

我还认为讲求效率也要看机会。我把写在卡片上的待办事项都默记在心,如果碰巧没带纸笔,我经常用短信的形式把要做的事情记录下来 [像理查德·布兰森和卢克·约翰逊(Luke Johnson)这样纸笔不离身的企业家肯定会对此表示不屑]。这意味着(在网状活化系统的帮助下)我总是寻找机会快速地实现某一目的。例如,我总能找到不用排队的收银台;每次经过文具店的时候我都会想要囤点货。

但这不仅仅局限于琐事。你可以在买咖啡或三明治的时候跟同事讨论一下大项目;在去开会的路上读一些无聊的文档(在美国人们称之为"飞机上的阅读")或和同事练习演讲技巧;在上下班途中可以做点活动框 3 里的任务,如增加知识、研究等。

天道酬勤

这听起来是不是有点疯狂？或许。在其开创性的著作《异类》(*Outliers*)(2008年)中，著名商业作家马尔科姆·格拉德威尔（Malcolm Gladwell）研究了是什么使普通人做出伟大的成就。这些人的一个明显特征是勤奋。他指出，对未来的职业音乐家进行的调查研究发现，这些人练习的时数和成就的高低是正相关的。好的业余演奏者在成年之前大约投入了 2 000 个小时来练习，音乐教师投入 4 000 个小时，专业演奏者则投入约 8 000 个小时，而其中的杰出人物投入 10 000 个小时。

格拉德威尔的结论是："事实上每个成功故事的背后……某个成功的个人或团队都比对手要努力得多。"

天道酬勤。没有人能代替你成功。但难道这就意味着你永远不得休息吗？这只会让你显得过度兴奋，让你身边的人感到不满，最后让你精神疲惫。你的目的不是要疏远身边的人，尽管你现在可能觉得他们很无趣，没有条理，而且做事拖拉。但是，你的目的是要更好地实现目标。你必须认识到这需要时间，过程也不会一帆风顺，所以有时候你需要放松自己，才不会把自己逼得太紧。你还要认识到你必须和其他人保持互动——尤其是另一半——不要让自己可能过分激烈的言行疏远他们。

这意味着你应该重新组织活动框 4 里的那些"不紧急也不重要"的任务。如果是和亲友有关——在出差的路上一定要带着这一列表——那么就应该将其归入活动框 4 里。如果这些任务包括锻炼、自我激励或放松,那么它们也应该在活动框 4 里占有一席之地。如果是对自己每一天的小小进步进行反思,那么这也是非常有价值的。

效率不是什么技能或技艺,而是一项每个人都可以掌握的流程。你需要整理所有的活动,恰当地安排时间,准备高效地完成这些活动。处理干扰和浪费时间的活动,防止它们阻碍你成长。

第四篇

人际关系

第十二章 自 尊

我们大可以把大把时间花在如何制定、执行战略战术上，但早晚我们还是不得不处理与他人的关系——这对那些强烈害怕失败的人来说或许是康复过程中最困难的一步。

布莱恩·崔西在《超级成就》（*Maximum Achievement*）（1993年）一书中写道，"人生85%的成功都取决于人际关系，取决于你与他人积极、有效地互动从而让他人帮助你实现目标的能力"。

且不管这统计数据是否真实可靠，这一章是我写到目前为止最难写的一章。这些年来，我因强烈害怕失败而损失的生意、同事、朋友和亲密关系事实上比我记忆中的还要多。我并不是一个好相处的人：容易受伤、易怒、盲目恐慌和以自我为中心——这是我对待那些关心我的人的态度。但由于恐惧，我怀疑我对那些不关心我的人更好。

在我的一生中，我一直认为自己受到了不公正的待遇并因此愤愤不平。有时候我会因为过度敏感误以为他人——甚至包括朋友——对我有偏见，而对他人做出一些过分的行为；我会误解别人的好意，以为别人要羞辱我、污蔑我；在我的印象中，几乎我的每次反应都过于激烈，连我自己都不愿意想起。

但是，强烈害怕失败的人的反应可不仅仅止于愤怒。社交能力的不足也包括容易受伤、退却和被动，让我们在被欺负或被批评的时候不敢为自己说话，而是通过在他人背后算计或如妨碍他人等被动的攻击性行为来实施报复。

人际关系至关重要

事实上，在强烈害怕失败的人的所有缺点中，人际关系是他们面临的最大障碍。崔西引用的另一个统计数据（基于调查研究的基础上得到的）表明，在十年间，美国被辞退的人中有超过 95% 是因为不会处理人际关系，而不是因为能力不足被辞退的。

不管你实现目标的计划有多完美，如果不改善你的人际关系，你这一生都将一事无成。我们无法阻止别人和我们追求一样的目标，但是，从很多方面而言，他人既是目标，也是实现目标的手段，他们也有可能是我们面临的最大障碍。如果不会与人交往，我们就会像是面对着一堆文字却不识字，面对着一堆数字却不识数，被声音环绕却耳聋一样。

引起那些让我们变得主观的神经劫持的原因往往是他人的言行和我们对这些言行的解读。但在与人交往中，不带主观地克服这种劫持几乎是不可能的。如果有人羞辱我——不管这是主观感受还是客观事实——那么，被羞辱的不是个人有限公司，而是我自己。

自卑——扭曲的镜子

但是，对正在康复中的强烈害怕失败的人来说，重要的是认识到这种疏远感不仅存在于我们头脑中，而且是自我实现的，因而也是自作自受的。当然，这个世界上确实存在些可恶的人（尽管他们很有可能是其他强烈害怕失败的人），但真正恨你——恨你入骨——丝毫不在乎你的人，其实就是你自己。

这是个可怕的、令人沮丧的想法。但是——就像承担责任一样——这种想法也是种解脱。因为如果你是你自己最大的敌人，那么你就是那个能够祛除你心魔的人。你的心魔不仅吞噬了你人生中遇到的各种机遇，还在破坏你的友谊、亲情、合作关系和领导能力。你必须祛除心魔——而你就是唯一能将其驱逐出去的人。

这里的关键问题是，导致问题的那面扭曲的镜子，是自卑。正如我们在第一篇中所讨论的，虽然并非所有强烈害怕失败的人都自卑，但绝大多数或多或少都有点自卑

（往往是非常自卑），而我们的自尊和我们与人交往的能力之间有着直接的关系。

崔西说道，"你越喜欢和尊敬自己，你就会越喜欢和越尊敬他人；你越觉得自己有价值，你就会越觉得他人有价值；你越接受自己，你就会越接受他人。"

这显然会直接影响我们通过人际关系实现目标的能力。

崔西又说道，"自卑的人只能和一小部分人相处得来，而这种关系也不会长久。他们的自卑会通过愤怒、不耐烦、批评、说别人坏话和与周围的人争论等形式表现出来。"

对自卑的我来说，这句话真是一针见血。我们认为人们不喜欢我们是因为我们都不喜欢自己。这让我们也不喜欢他人，难怪他人也不喜欢我们。于是，我们再次陷入了这种令人头昏目眩的消极的情感旋涡中，而在崔西看来，这是为什么许多人无法实现目标的最重要的原因。

解构自卑

在《提升你的自尊》(*Boost Your Self-Esteem*)（2003年）一书中，约翰·考特称自尊问题有多种不同的表现形式，而几乎所有的表现我都有，包括（下列有些表现是我自己加的）：

憎恶他人的成功；

觉得自己是个失败者；

在任何情况下都只看到消极的一面；

甚至是"建设性的"批评也会使我们中途放弃；

做事情纯粹是为了赢得他人的喜欢或赞同；

不停地拿自己与他人做比较，且觉得自己不如他人；

认为**所有的一切**都是在针对自己；

屈从于他人的意愿；

因为害怕显得愚蠢而改变行为或不做某一行为；

力求完美，因为未能达到不切实际的期待而感到愤怒；

过于担忧，但却不想寻求帮助；

感情失控，甚至感到惊慌；

欺负、利用他人；

公开贬低自己或他人；

逃避或回避社交场合；

变得富有攻击性或甚至是过于被动；

夸夸其谈；

就算不撒谎也喜欢夸大事实，好让自己显得"更有趣"。

尽管由于受到柯维和罗宾等人的影响我已经成长了许多，但这些感受是如此的根深蒂固，以致我在接受医疗服务体系治疗一年后又重新看心理医生，决心摆脱多疑、恐惧、愤怒和自卑——它们让我的人生看起来如此悲惨。

当然，这种可怕的、有强大杀伤力的特质是缘于黑暗的童年时期。我知道造成我的自尊问题的根源是什么，但在上了几节心理辅导后，我惊讶地发现我的自尊问题是如何影响了我的各种人际关系的。当我还是个孩子的时候我就知道我和父亲的关系并不好，但那时我并没有意识到我在无意识中把这一切都归咎于我母亲，从而对这个世界上最爱我的人心存怨恨。我对我姐姐也是又怕又很，因为她是我父亲的掌上明珠。

这些话哪怕只是写下来也是很令人难受的，但我还是要写：害怕被喜欢的人拒绝，却一直拒绝那些无条件爱我的人。与此同时，在和同龄人交往的时候，我表现出的是：不信任、沮丧、嫉妒、多疑。我不可能很好地进行社会交往或与人打交道，因为我一直把感情浪费在那些不值得的人身上，而拒绝别人对我的好。至于同龄人，当我由于不信任和嫉妒而误解了他们做的每一件事的时候，我怎么能成为一个合适的同事或伙伴呢？

如前所述，自尊问题可能会对我们的职业生涯产生深刻的影响。我们内心的想法和感受可能会让我们建立应对机制来回避痛苦，如在被拒绝前先拒绝他人。或许我们没有争取升职的机会——对自己说这样做是错的；或许我们在办公室扮演"小丑"或对他人毫无威胁（甚或有点离群的）的老好人的角色，甘当绿叶；我们会避免争执，因为我们无法相信我们内在或外在的反应。

但至少这些情况还算是好的。我们本可能会变成在背后使诈的阴险小人、愤怒的抱怨者（比如我）或是工于心计的马基雅维利。这些自卑者的典型特征都演变成了一场灾难。

反击

那么，我们能做些什么呢？当然能。我们可以进行反击，但我们必须牢记：我们是在和自己作战。过去，我们一直把这场战争投射到我们和他人的交往中（哪怕只是用回避或屈服的形式来表现），但现在我们必须内化这场战争——把矛头对准自己内心的敌人。

如前所述，没有什么神奇的秘方可以克服我们对失败的恐惧或自卑。不安全感不是你想让它消失它就会消失的（也不可能通过自我催眠或针灸来消除）。虽然我们天生自卑、容易失败，但我们可以慢慢进步，改进对外界刺激的反应，尤其是在和人交往的时候。我们过去对他人的意图一直有所误解，从而做出了不适当的反应：一边是自我防御和愤怒，一边是害羞和躲避——我们往往就在这两极间来回徘徊。

但是，我们必须始终牢记一点：我们很可能是错的。那个人刚羞辱我、轻视我或无视我了吗？或许，但我为什么要这么想？如果我们假设对方不是有意的，假设对方本是好意，或者对方只是走神了，那么结果肯定比我们认为自己遭到羞辱要好。这或许不是你的第一反应，但你能把它变成你的第二反应吗？你能快速将其变成你的第二反应——快到让你忽视第一反应吗？未来或许可以。

根据动机而非行为来判断

和绝大多数人一样，我希望别人根据我的东西而不是我的行为来判断我这个人，因为行为在很多情况下都有可能被误解。那么，我又怎么能剥夺他人的这一权利呢？因此，我们必须探究他人的动机，而不是只根据行为就做出评判。

如果我们面前有人在挥舞着一把刀或一把枪，那么我们或许可以认为他们是有攻击性的。但所幸这种情况并不多见。与枪或刀不同的是，言语和身体语言很容易被误读。如果我们能对其进行更好、更善意的解读——不管这有多难——我们就能做出更适当的回应。

事实上，在越是难做出善意判断的情况下，我们越是容易做出这样的判断。回到上文那个例子。看到有人挥舞刀或枪，绝大多数人都会认为这是个非常明显的攻击行为。但是，如果我们从这个人的角度来看，他或许认为我们才是攻击者。他可能是在保护孩子或是要自卫；或者他可能是在一系列不幸事件的重压之下爆发了，才会走到这一步；他甚至也有可能被下了药，因此无法控制自己的思想和行为。所以，尽管我们需要对威胁进行处理，但是探究背后的原因也许会让我们减少敌意。

发现他人身上的闪光点

发现他人身上的闪光点是非常难的，但这样做对你绝对有利。如果那位持枪者居心不良，那么不管怎样你都是要挨枪子的。但是，如果持枪者是出于自卫，那么你的敌意只会使情况恶化，让持枪者觉得受到了威胁从而被迫开枪自卫。

但是，要是我们都错了，对方就是像我们最恶意的揣测一样呢？

那又怎样？通过强迫自己对他们的动机进行善意的揣测——是我们听错了；他们不知道自己说了什么；他们压力太大了；他们从我们这里得到了错误的信号才要自我防卫——我们也减轻了他们的羞辱、蔑视对我们的影响。事实上，正如埃莉诺·罗斯福（Eleanor Roosevelt）的名言所说："没有你的同意，没有人能让你觉得低人一等。"我们要说对方的羞辱对我们毫无影响。这是对对方的最好反击。这就像是对方扔了一枚炸弹出来却没引爆——要多尴尬有多尴尬！

在谈到我的愤怒的性格时，这一理论绝对正确。有无数次我对臆想中的羞辱都采取了过于激烈的反应，而这些羞辱所带来的问题是**我**如何应对而不是**别人**如何羞辱我——这只会加强我的不公平感。但我已经学会——尽管看似痛苦——善意地解读他人的动机是唯一能让我做出更好的反应的**唯一方法**。

传播正能量

对他人动机的善意解读（不管你一开始有多么不情愿）还有其他好处。这会开始摧毁自卑心理的其他支柱。在培养对某件事——任何事——的正能量之后，这种正能量能传播开来，甚至能影响你。在《提升你的自尊》一书中，约翰·考特建议我们多练习重新整理我们所获得的信息，从而拥有更积极的态度和观点。通过采取积极的、不断强化的步骤，我们将渐渐提升自尊，或者至少不会再轻易产生些自卑的想法。

这些步骤包括（同样也加入了我自己的想法）：

认识自己的优点。这可以写在日记上——在日记里列出你所有的优点。你应该把自己的注意力放在优点而不是缺点上。

多做积极的自我对话。注意在和自己对话的时候，一定要使用积极的、宽容的语言而不是自我伤害的语言。你背上的那只"猴子"并不能完全控制你内心的想法，所以你可以也应该对它进行反驳。

质疑你自己的想法和观点。不仅仅是质疑你对他人的看法。你需要挑战你对自我的认识——这些认识可能是不理性的，更有可能是错的。正如安东尼·罗宾斯所言，世界上没有真理，只有观点。

和积极的人打交道。自卑者往往会物以类聚，特别是在办公室。他们或许是在一块儿抽烟，又或者是在餐厅互相抱怨。你要远离这些人，或者——更好的做法是——对他们使用积极的语言（但要避免把自己变成讨人厌的"唐僧"——记住：你要改变的只是**自己**的行为）。

记录进步。你应该把自己的进步逐一列出来（放在显眼的地方）——不管这些进步有多微不足道，它们都是奠定你未来成功的基石。

接受你所不能改变的。学会接受你所不能改变的（就像柯维提到的关注圈一样）。这可不只包括天气。但是只要有良好的规划加上辛勤的汗水，你完全可以改变自己的处境。只是你要面对现实，接受不可改变的，其中就包括过去。

让自己跳脱。瑜伽、运动、小说、传记……你一定发现有某些积极的东西能让你暂时逃脱现实，但是要避免像酒精或毒品这种速效药，因为在药力消失后，它们会加重你的消极情绪。

培养独立性。你不应总是寻求他人的认同。相反，你应该相信自己的能力。哪怕没有外界的肯定，你也要相信自己。不要试图取悦他人——只要你在内心满足于自己所取得的小小进步就好。

不要再拿自己和他人做比较。这样做对你自己是不公平的，因为我们每个人都是独一无二的。你不应该模仿他人，而应该培养自己的特质，尽管对他人积极有效的行为进行轻微的类似神经语言学模式的模拟或许可以帮你纠正自己的不良行为（如在和他人对话时强烈的自我防卫心理）。但是，永远不要想变成别人。这是不可能的，这种不切实际的想法只会让你更加沮丧。

学会开自己玩笑。你应该对自己的缺点付之一笑——这没什么大不了，因为每个人都有缺点。

接受赞美。面对他人的赞美，你要表现出风度，但不要把这种赞美转移到他人身上。你当之无愧，但不要夸大或强调这种赞美。只要回答"谢谢"就可以了。

重视教训。成功和失败都能让我们学习。在回忆过去的过错，甚至是在回味当下的成功时，你都应该想想自己学到了什么。

学会拒绝。只是因为你希望获得他人的认同并不代表你就要努力取悦他们。尽管拉拢他人对我们实现目标大有裨益，但在做每件事的时候，我们都应该以自己的长期目标和经过深思熟虑的战略为出发点。

当然，上述几点说起来容易做起来难。要把自我伤害和根深蒂固的思维变积极，你或许会觉得这是个不可能完成的任务，尤其是因为那只"猴子"一直在给我们消极的反馈。但是，这种尝试是值得的。事实上，我们很快就会发现自己的方向是不是正确。只要掉个头，我们就能朝正确的目标迈进。沿途记录自己走的每一步——迈出的每一步都是为了让我们走得更远——渐渐地，我们就能翻越这一路上最高的山峰——我们消极的自我认知。

"没有你的同意，没有人能让你觉得低人一等"，所以你应该把精力集中在改变思维和那些伤害你自尊的性格上。用更加积极的心态来面对身边的人是改善自我认知的重要一步。

第十三章　与老板打交道

不论你面对的是老板、同龄人、同事、潜在客户或是雇员,与人交往的能力都是非常重要的。但是,对想在职场上有所表现的强烈害怕失败的人来说,老板可能是最难打交道的人。

你无法逃避——如果遇到坏老板,你的生活就会苦不堪言。坏老板会让你心神不宁、饱受压力、沮丧失落,把一份本应令人愉悦的工作变成一座慢慢吞噬你自信的监牢。许多人因为遇到了坏老板就改变了自己的职业轨迹,但结果往往不如人意。例如,我之所以想创业在很大程度上也有这方面的原因(当然我自己的不安全感让这一情况雪上加霜)。

但是,认为顶头上司是自己前进路上的最大障碍的人并不只有你一个。一项研究表明——引自领导力咨询师肖恩·贝尔丁(Shaun Belding)的著作《与魔鬼老板打交道》(*Dealing with the Boss from Hell*)(2005 年)——

在1 800名被调查的澳大利亚工人中，有大概75%称他们对自己的经理并不满意。而美国的相关研究也得到了类似的结果。

在贝尔丁看来，现实是我们没有什么补救措施。任何直接的对抗都很难起到积极的作用，可能还会限制我们的职业发展——非但不能帮助我们实现目标，反而会威胁我们的目标。

贝尔丁指出，"与魔鬼老板打交道最困难的一点是，没有什么能帮助我们和他（她）打交道"。所以他警告说不要"搬起石头砸自己的脚"，不要公开场合让老版难堪、威胁或是挑战老板的权威。

贝尔丁建议我们三思而后行，不要冲动，要想到自己的行为可能造成的长期后果。但是，你还是可以制定一些强有力的战略战术，不要让坏老板毁了你的职业。

三种坏老板

贝尔丁将坏老板分为三类：攻击型、消极型和控制型老板。不管是哪一种，他们都会给缺乏信心的人带来些难题，但不管你信不信，他们也会带来机遇。其中，攻击型老板可能是看起来最有杀伤力的。但是，在绝大多数现代企业，吼叫或恐吓等暴行都是不被允许的。所以——尽管这种行为会让你难受、害怕——在我看来，攻击型老板是在自掘坟墓。

攻击型老板往往都是纸老虎——他们很多都是强烈害怕失败的人——因此一旦你认识到这一点，你就能比较容易地掌控他们。攻击型老板的行径往往是广为人知的，这就意味着很可能公司高层已经注意到了，只是尚未采取行动。通过和攻击型老板打交道，你会学会一些重要的、可转移的人际交往技能，从容应对未来的挑战。

消极型老板也会给你带来机遇。在贝尔丁看来，这种老板往往都很害羞，不喜欢做决定，不喜欢与人发生矛盾，不喜欢冒险，也不喜欢强势的人。他们或许让人失望，遭人轻视，但是他们不太可能会阻碍你的职业发展。事实上，我认为你应该和他们做朋友，帮助他们。如果你尊重他们的资历，那么他们很可能会成为你实现目标的最重要的支持力量。同样，公司高层很可能已经发现了他们的这一弱点，这意味着尽管没有表现出来，但他们已经注意到了你的帮助和支持。

爱占他人便宜的人的宪章

在和老板打交道的时候，最棘手的就是老板想要控制或操纵你，或许（事实上很有可能）利用你的不安全感来为自己谋利。攻击型或消极型老板往往也是强烈害怕失败的人，因此你能知道他们的目的是什么。而控制狂的身上流淌着成就动机的血液，因此更难以捉摸。他们也发现了你的不安全感，并在利用你。

我将其称为"爱占他人便宜的人的宪章"：自信的人利用不自信的人为他们做事——甚至当我们最终拒绝的时候，他们反而会装出一脸惊诧和受伤的样子。事实上，惊讶或许是真的，因为他们已经习惯了利用我们的不安全感，而我们也确实不会表达自己的需求。

我自己在这方面有着非常痛苦的经历——事实上这可能是我职业生涯中最痛苦的一次经历。细节略去不提，当时的大概情况是：我发现我的顶头上司在利用我的自卑心理而被迫还击。当然，我当时认为自己的工作受到了威胁，他先是用我来为其不道德的行为做掩护，然后又把所有的后果都推到我身上。

最终，他的行为很可能会让我丢掉饭碗，所以我不得不举报了他。当时我听说高层打算因为我的这一行为（我的顶头上司所举报的情况）而炒掉我，但在我看来，这显然是他的错。所以，我没有别的选择，我向公司高层汇报了我的疑虑，在几个月（非常痛苦）的等待后，他离开了公司。

做出更好的回应

我害别人丢掉了工作，这让我一直很内疚。考虑到当时的情况，你可能会觉得这很奇怪，但是我认为这说明我成长了，因为我现在意识到正是因为我的处理不当，这一事件才会升级。也是由于我的不安全感，这件事才会发生。整件事都是我的错，而不是前老板的错。

我本可以做得更好的。

我本可以不那么情绪化。当问题出现时，我的过激反应让我处于不利的地位——尤其是在面对公司高层的时候——让我失去了同事和盟友的尊敬。当然，有不安全感的人很难做到战胜自己的感情——特别是当我们觉得受到不公正对待的时候——但这并不是不可能的。一个方法是用笔记的方式慢慢想清楚整个事件。了解**所有的**事实也是一个方法。

我本可以不过于纠结细节。事实上关键的是事实和数据，所以我没有必要紧盯着细节不放。我本应该像神探科伦坡一样在凶杀案发生后逐一排查线索。我本可以冷静地询问对方，哪怕行不通，我也可以建议请第三方如某位高管介入。真实情况是，我在这些小事上没有做好，而这再加上我的不安全感让对方有机可乘。事实上，有些小问题是我的责任，这让我心存愧疚，而让对方借此兴风作浪。如果有人想要操纵你，那么事实是最重要的：务必要追根究底（即使有些真相会让人痛苦）。此外，在这一过程中，我们还要尽可能地保持专业。

我本可以和对方对质。事实上我也这么做了，但对方却矢口否认，我只好作罢。但这是因为我被他的气势压过去了。如果我直接说"你要是再不住手我就告发你",那我或许就成功了。当然,这或许会让我们撕破脸,对我更不利,但是在我看来,从我的职业生涯可能葬送在他手上的那一刻起,我们之间就无所谓交情了。当然,由于恐惧(和不了解细节),我没敢和他继续对质,而是背着他去找高层领导,这也让我背上了骂名。

我本可以以善意来解读对方。 这是最后一招,尽管在我们和神经劫持的对抗过程中我们永远做不到这一点。善意?像这样卑鄙的爱玩弄权术的家伙有何善意可言?当然有。我们不应该像他们一样,这是不可能的——因为我们天生就强烈害怕失败——也是不可取的。这种人的行为是不值得效仿。但是,我们必须通过理解和善良来找到出路。

关于这一难题,理查德·卡尔森(Richard Carlson)写了一本非常朴实但很了不起的书——《小事不抓狂》(*Don't Sweat the Small Stuff*)(1988年)。这本书大部分都在讨论人际问题,为读者在面对重大问题和烦人的小事时提供了300字(左右)的看似不相关的建议。但这本书的伟大之处在于它把这些建议进一步发展成了一个全新的方法——面对人生路上遇到的重大障碍。

卡尔森有关人际关系的建议中最重要的一条或许是,"培养你的同情心"。就像在上一章中我们对那位持枪者那样,我们必须设身处地地为他人着想才能做出最适当的反应。哪怕是控制狂老板也会遇到压力,而被迫做出某些行为。

就我个人的经历而言，我的前老板当时的个人情况非常糟糕，这显然影响了他的行为。当时我能看出他很痛苦，但却没有表现出任何同情心，因为我觉得他对我不好。我觉得他是要让我为他的处境而付出代价，继而认为他是个道德自私的人——这个说法本身就很荒唐（我什么时候变成圣人站在道德的制高点了？）

了解他人的弱点

在了解他人所面临的困难之后，你的同情心就会油然而生——如果你发现自己的处境比他们好——你的反应就不会那么激烈。此外，你还能了解到关于对方的最重要的信息：他们的弱点。孙子会以你为傲，但是他也会建议你把目光放长远一点，不要立即展开全面进攻。

但是，要是你坚持认为对方没有任何压力，而是生活得非常光鲜亮丽呢？那是因为你没有努力去了解，这在很大程度上是因为你的网状活化系统没有被开启。你过于执着于对方对你的影响，而忽略了他们也是人，也有自己的目标和痛苦。

一旦发现他们的弱点，你马上就能以平等的心态来面对他们。事实上，你所处的位置比他们更有利，因为你的行为已经胜出了。你了解、同情他们。而他们自认为了解你，但却迫于压力表现得很糟糕。

卡尔森还建议我们应该看到他人的清白。他认为，人无完人，"别人有时候会做出一些奇怪的举动"。但是，如果我们因此而郁郁寡欢，那么我们才是那个应该做出改变的人，或者至少应该"往前看"。

当然，如果我们对他人的言行都以"他缺乏安全感"来解释，那是很危险的。在我看来，这样做只会引起灾难，因为这种解释与现实不符，所以也难以为继、经不起考验，**我们才没有安全感**。我们只是希望当这种不安全感被触发的时候，自己能更好地应对。

追求双赢的结果

一旦我们对那些折磨我们的人产生同情心，那么我们就脱离了他们的魔爪。这时候我们就能展开反击并取得胜利。如果你就觉得这听起来有点自相矛盾——考虑到我们对对手的同理心——那是因为很多人都将其视为一场零和游戏。我们从小就接受"只有一个赢家"的教育。那些想要操纵我们的人当然也是这么认为的。但是，我们并不一定非得争个你死我活；我们可以追求双赢的结果。

寻找双赢的解决方案是史蒂芬·柯维的七大习惯之一。这种方案不但更受欢迎，也是能让强烈害怕失败的人逐渐康复的唯一长久有效的方法。我们不擅长于和别人争个你死我活，所以我们应避免这种情况的发生——而是争取让所有人都能从中获利。

通过理解对手，我们和对手之间建立了平等的关系。现在，我们可以主动为对手提供帮助，想方设法帮他们实现目标。然后再要求他们帮助我们。而他们也只能接受——主要原因是如果帮助了我们，他们也会觉得是做了件好事。

如果你觉得这个想法太天真，觉得对手会把我们的慷慨视作软弱的表现，一口吞下再伺机利用我们，那就随他去吧。这样做总比心怀怨恨，公开或通过消极进攻行为实施报复会让我们更好受。记住：你有你的长期目标，你现在正在一步一步朝目标前进。而这只不过是路上遇到的一块绊脚石，不管这块绊脚石看起来有多大。把它看作是崔西的青蛙，你就能理清思绪，客观地来看待它。

坏老板往往可以分成攻击型、消极型和控制型老板。他们都有问题，但你也能从他们身上学到重要的人际交往技巧。和控制型老板打交道尤为不易，但是有个方法是"培养你的同情心"——控制型老板也会有压力，这才导致了他们的种种表现。如果你能对他们产生同情心，那么你在心理上就会有优势。

第十四章　员工的成长

对强烈害怕失败的人来说，在大公司里实现目标比应付坏老板要困难得多。从很多方面来说，应付坏老板总比为自己在公司里的停滞不前找借口要容易得多。要是没有像坏老板这样的绊脚石，当我们看着那些有着强烈成就动机的人步步高升的时候，我们该怪谁呢？

我们当然会责怪自己，因为我们有能力在一家或大或小的公司中获得高升。如果你不再听从背上的那只"猴子"的声音，而是开始注意身边的同事和你所服务的企业——并且开始满足他们的需求——那么，你肯定会有所突破，至少你也会为升职做好准备，或跳槽到另一家公司获得升职的机会。

心理医生巴顿·戈德史密斯（Barton Goldsmith）在《激情合格工作》（*Emotional Fitness at Work*）（2009年）一书中写道，那些取得伟大成就的人有很多共同点，包括对自己能力的信心和对直觉的信任。戈德史密斯指出，这些人坚持终生学习,渴望探索不同领域的知识;他们喜欢研究问题,会提出很多问题;他们善于用人,身边聚集了很多聪明、充满活力、才华横溢的同龄人。最后,他们会遵守自己内心的道德准则:制定并实现切合实际的目标。

我们已经讨论过最后一点,而第一点——关于信心和相信直觉——在稍后将会涉及,而这些一点一滴的进步将使成功变得不再遥远。终生学习和研究问题呢?强烈害怕失败的人很可能会忽视这一点,这或许是因为我们不认为我们所在的机构值得我们为其绞尽脑汁。

如果这是真的,那你应该换一家你愿意为其贡献才智的机构。事实上,实现目标的第一步就是确定自己现在所在的机构是否与你的目标相符。你是否像史蒂芬·柯维所说的那样站在正确的梯子下方呢?如果你发现站错梯子了,那么你应该把注意力放在寻找对的机构和想办法进入到这家对的机构工作上。

了解机构

如果你没现在就在那家对的机构工作呢?那么你研究的重点就应该是这家机构本身。是什么阻止你了解公司或你所在机构的历史和现有结构?这些信息几乎都是公开的。你应该了解首席行政管理和其他高级管理人员——了解他们的背景和经历。这些内容不但有趣——就像其他和我们密切相关的事情一样——而且还能让我们很好地了解这家机构的历史和未来前进的方向。

然而,你不能只把注意力都放到这家机构上。你所在的行业呢?每个行业都有各自的历史、开拓者和知名人士。你应该找出这些人是谁,了解他们的观点。此外,你的业内对手有哪些?它们是如何运作的?它们有着怎样的历史?哪家机构是业内的标杆?它是怎么做到的?还有,哪家机构正深陷危机?你所在的机构在业内的排名如何?

每个行业都有各自专业的期刊,你可以从中获取信息,但最好是认真读一些教科书——边读边做笔记,不断更新了解到的信息——而不是看完就忘。

如果你在读完了上述建议后仍觉得,"我才不在乎什么伯明翰微件业的历史,也不在乎它在德国和中国的对手。我宁愿看一些有关摩托车维修的杂志",那么你就知道你现在所在的公司可能并不适合你,也知道自己该去什么样的公司工作。

机会只给有准备的人

所有这些研究都是在为机会来临时做准备,而机会往往是以办公室危机的形式出现的。正如戈德史密斯所言,对所有员工而言,办公室问题——及办公室危机——都意味着机遇。突然间,天时地利,我们已经准备拿起水管来灭火了。但是，我们必须认识到我们需要的是一根水管和知道怎么控制它。否则，所谓的天时地利都是浮云，我们反而会误事。

尽管如此，并非所有的问题都是十万火急的。许多问题对公司来说都是积极的：如何更好地营销新产品，如何将对手所遇到的危机变成我们的转机，如何应对直线经理升职后的新职责。

成为老板的顾问

在《老板为什么听你的》(*Why Should the Boss Listen to You*)（2008年）一书中，战略顾问詹姆斯·卢卡谢夫斯基（James Lukaszewski）列出了成为企业首席执行官（或任何高管）的心腹的必备特质。

卢卡谢夫斯基写道，"领导者看重的是成功，所以如果他们觉得你能帮助他们获得成功，他们就会注意你。"

卢卡谢夫斯基又说道，想要成为高管的顾问，你必须参与那些他们重视的项目，提些好观点和小建议。切勿表现得自私。你的目的是帮助他们实现目标而不是赤裸裸地追求自己的目标。但你必须保持强烈的求知欲——发现、研究、掌握新的或被误读的信息。此外，你还要谦虚。

卢卡谢夫斯基认为要让老板对你言听计从，关键是：

成为可信任的人——除非高管相信你站在他们这一

边,能保守秘密,且拥有良好的判断力,否则他们是不太可能向你寻求帮助的。

善于表达愿景——语言是首席执行官的"常用武器",所以要用语言向他描绘愿景,给他启发(如果他们采用了你的想法,那么你要引以为傲)。

建立管理视角——老板看公司的视角和员工看公司的视角是不一样的。你要向首席执行官证明你可以从他的视角来看问题,也可以相应地改变自己的观点。

成为未来的希望——关注公司的未来及自己可以为此做些什么。

提供建设性的建议——在卢卡谢夫斯基看来,"建设性批判"是一种矛盾修辞,因为消极的意见会让你失去听众(首席执行官可能会去问别人的意见)。你要用积极、有用的语言来委婉地表达你的批评意见(这需要练习),这样别人才能听得进去。当然,如果有高管问你的意见,那么不管他们说什么,他们十有八九都希望得到你的认同。

强烈害怕失败的人如何学会用人

学会用人是成功的必备条件,也是强烈害怕失败的人——尤其是当他们还处于初级岗位的时候——难以克服的障碍之一。处在初级岗位的强烈害怕失败的人很多都害怕把工作委派给他人,因为他们一方面怀疑老板让你这么做的动机,一方面担心同事会抢走你的饭碗。你或许也不会去培训他人。所以,你忙得都没时间想"自己什么时候变得多余了"(引用我的一位老板的话)。

那我们该怎么办?尽力就好。

凡事都往最坏的方面想是非常致命的。如果真是这样,你也无法阻止事情发生。或许现在我们能做的就是以智取胜、学会放手。考虑到我们长远的目标,我们显然误入歧途或至少是在为错误的老板或公司工作。但如果我们先入为主地断定情况就是这样,并自暴自弃,那么这种想法是会自我实现的。

而有效地将工作委派给他人是一种自信的表现,这样你也可以腾出时间做更重要的工作。但你千万不要犯很多人犯的那种错误:自己做苦差事,而把更需要创意和有意思的工作委派给他人,因为后者的结果充满了不确定性而你想要"节省时间"。学会用人意味着你不必再做苦差事,开始往上走。但是如果你把创意工作委派给别人,那你只能眼睁睁地看着其他同事平步青云。

投入工作

我们必须要做的一件事是对我们所在的公司全情投入,不然就找一家我们可以为之全情投入的公司,并想方设法得到这份工作。或许你不能一开始就得到你想要的岗位。例如，我注意到银行里的许多女性高管都是从助理的岗位开始做起，也有很多员工16岁就进入银行在分行做柜员。我在大学毕业后的第一份工作是为《独立报》(The Independent)销售分类广告，这只是因为我想为全国性的报纸工作。

我并没有像我预期的那样讨厌那份工作——事实上，我做得出奇的好（从中学到的销售技巧让我终身受益）——与此同时我也在留意当记者的工作机会，尽管有人告诉我这是不可能的。于是，我开始写一些有关年轻人所处环境的文章，很快就获得了一个全职工作的机会。尽管这份新工作的薪水要少得多，我也必须学习一些编辑出版技巧（这些也让我终身受益），我还是很兴奋终于成为一名记者，觉得自己终于找到了那把正确的梯子。

但是，我还是百分之百投入到分类广告的销售中，希望借此提升我在公司的声誉——我知道不管做什么工作，良好的口碑都是至关重要的。管理学家查尔斯·沃森（Charles E. Watson）在《如何聪明地应对职场上的蠢事》(What Smart People Do When Dumb Things Happen at Work)（1999年）一书中指出，工作能力强的人会把服务他人放在自我利益之上，尤其是因为——在沃森看来——每家公司都在一直观察哪些人是踏踏实实做事，哪些人只是做做样子，然后不断淘汰弱者。

沃森认为，为避免被淘汰的命运，你应该做到以下几点：

了解你所参与的项目背后的大目标,并以此为动力。

看重工作本身,而不是可能随之而来的奖励(包括金钱)。

言而有信——增强别人对你的信任。

信守承诺,按时完成工作,哪怕你需要付出额外的代价(时间或金钱等)。

当然,在这整个过程中,你应该集中精力实现那些与你长远目标相符的中短期目标。然后判断每一项工作、每次会议、每个项目、每次评价、每次互动——当然还有每一天——是否都让你更靠近目标。但是也要灵活应对情况。你有十年的时间来实现终极目标,所以今天的妥协可能会让你在明天获得优势,但如果你坚持毫不妥协,你可能会浪费数年的时间。

"感谢上帝,今天到了"

理查德·卡尔森也非常擅长处理我们在工作环境遇到的问题,他为此还写了一本书——《职场小事不抓狂》(*Don't Sweat the Small Stuff at Work*)(1998年)。书里提供的重要建议包括:"永远不要在背后使坏","记住要欣赏和你共事的人","不要过于自我","不要因为老板要求高而抓狂","学会不带愧疚地拒绝","增强自己的存在感","和前台做朋友","不要被充满负能量的同事影响"——这些都很有道理，无需多做解释。

但是有一条——"加入我的俱乐部：感谢上帝，今天到了"——或许需要稍做解释。这是针对两种员工而言的：一种是"感谢上帝今天是星期五"的人，喜欢周末，讨厌星期一，可能在职场上毫无建树；另一种是"感谢上帝今天是星期一"的人，对他们来说，工作就是他们的生活，他们讨厌周末，甚至认为家人朋友对他们的"要求"也是在打扰他们的工作。

卡尔森说："显然，这两种人都觉得对方完全不可理喻。"

他希望我们都能像他一样"感谢上帝，今天到了"，享受独一无二的每一天。

卡尔森说，"尽管看起来简单，但这一念头可以深刻地改变你对待工作和生活中其他方面的态度"。

卡尔森值得一提的最后一个建议是："充分利用那些无聊的工作。"对那些苦差事，我们可以一筹莫展，也可以享受并且最大程度地利用它们。

他举了两个砌砖工人的例子——一个"在烈日下"愤愤地把一块砖头堆到另一块砖头上面，而另一个却在惊叹自己正在建造的"美妙的建筑"。这让我想起了底特律的汽车工人，他们利用在生产线上枯燥无聊的工作时间发明了后来的摩城音乐——这证明只要有良好的心态，即使是最枯燥乏味的工作也会变得有趣生动起来。

投入到你所工作的机构，否则就找一家能让你投入的机构，然后想方设法获得这份工作——哪怕一开始的岗位并不是你想要的。不管在哪一家机构，获得高升的最好办法是成为管理层信赖的顾问。

第十五章 社交和面试

不管你多努力，有时候你可能不得不承认你现在所在的机构并不适合你，你站错梯子了。那该怎么办呢？如前所述，你可以先到那家适合你的机构，从其他岗位开始干起。但是，怎么样才能得到这份工作呢？

对任何想要在本公司或其他公司出人头地的人来说，良好的人脉是非常重要的。那些没有野心、不喜欢做生意的人最怕工作上的社交场合；而许多爱贬低他人的人对社交是又爱又怕。

这很可能与他们在游戏场上贬低同龄人有关，不管其成功与否，因为游戏场是让我们最早有社交和等级观念的场所。当然，我当时在游戏场上也遭到过排挤，因为我块头不够大，性格也不够强势。同样，在大学里我并不够酷，而等我毕业进入传媒行业工作后，我看起来也不够时髦。但是，这些小团体和等级虽然确实存在，但却几乎都是基于我们对精英主义幼稚和年轻气盛的理解。这些观点非常单纯，在现代职场中显得格格不入，甚至可悲。

忘掉游戏场的经历

作为成年人，我们应该忘掉过去的经历。工作场合的社交或许看起来就像是和在游戏场上一样，但事实刚好相反。我们面对的是一群完全不同的人，他们的动机也和小时候的伙伴全然不同。如果我们能理解别人在这种环境中的行为动机，那么我们应该就能融入他们。

在游戏场上表现出强势和在大学里表现得酷是在这两种特定环境中成功的重要因素，因为这些环境是有排他性的。但在职场上，融入团队才是关键。人脉非常重要，而那些有着强烈成就动机的人也同样清楚这一点。因此，那些曾经在学校因为某些技能而叱咤风云、让我们敬而远之的人现在反而需要学习一项新的技能：合作。

不合群——至少当你还在初级岗位工作的时候——是毫无意义的。而强烈害怕失败的人很少有不合群或自大狂（尽管有很多人很害羞，可能会被误认为是不合群）。这意味着我们已经具备了任何社交场合所需的一半的能力——亲切——至少当我们不生气或不害怕的时候。而另一半能力当然就是要自信地接近他人，而这一点也是我们需要帮助的地方。

建立融洽的关系

在《通往成功的社交之路》(Networking Your Way to Success)(2002年)一书中,营销总监约翰·廷珀利(John Timperley)为读者提供了一个发展计划,帮助我们和同龄人交往,最重要的是,帮助我们和同龄人建立融洽的关系。

廷珀利说道,"简单而言,如果你能够和他人关系融洽,那么你就会感到幸福,获得成功;反之亦然。如果不能和他人建立融洽的关系,那么你所有的社交努力都只是徒劳。"

与他人建立融洽的关系听起来像是强烈害怕失败的人所不具备而有着强烈成就动机的人天生固有的能力——指的是我们会躲避绝大多数的社交场合或者站在那里眼睁睁地看着那些有着强烈成就动机的人和他人谈笑风生。但我们大可不必这样做。这里不是游戏场。我们之所以能站在这里或参加这项活动就说明我们在某种程度上都是公司这架"机器"里的一颗螺丝钉。而那些值得你攀谈的人中,很多都想知道公司是如何运转的,想要认识公司里的螺丝钉——你可以借此介绍自己,告诉他们你是谁,在做什么工作。

当然,有些人或许对此并不感兴趣,因而无视甚至轻视你。但他们这样做就等于把自己判出局。这种人大部分都是痛苦但又不想改变、强烈害怕失败的人：将他人视作威胁，讨厌养活这些人的这架机器，或者过于保护自己的小天地。面对这种人，你大可以走开，庆幸自己躲过一劫，或者你也可以留下来继续努力，但当然不要变成爱说教的"唐僧"。

社交机会

社交机会层出不穷、多种多样，我们应留心在任何情况下社交的可能性。在办公室，这些机会包括你的办公桌周边的环境，和第一次到部门时的自我介绍；包括拜访其他部门、上洗手间、倒水（或到抽烟室抽烟）、会议室活动或拜访管理层等。这些都是好机会。此外，不要忘了卡尔森的建议，和前台及其他行政后勤人员做朋友。你会惊讶地发现，他们当中有很多人都能影响老板的决定，而且他们在某种程度上能决定你能否见到老板。

研究、参加社交活动对员工包括对自由职业者和独立工作者来说，都是非常重要的。在职场上，争取参加社交活动说明你对这份工作非常投入、充满热情，而且愿意学习。实际上，这些活动比任何其他方式都能更有效地让我们了解所在的行业。

廷珀利为我们提供了一些在这种场合和其他场合如何与他人建立融洽关系的建议，现列举如下（同样也加入了我自己的想法）：

保持微笑——哪怕是强颜欢笑也比愁眉苦脸更让人愿意亲近。你应该对着镜子练习微笑的表情，让笑容看起来是发自内心的。

把注意力放在对方身上——要对和你谈话的人表现出兴趣。谁在乎你有没有向对方表达自己的主要想法？事实上，通过聆听他人的想法，你已经向对方表明你对他们很感兴趣，而这对建立良好的关系是至关重要的。在《哈佛商学院没有教你的事》（What They Don't Teach You at Harvard Business School）一书中，马克·麦科马克（Mark McCormack）写道，聆听以及"真正了解对方说话的意思"比简单地"了解对方"更能带来商机。他举了一个例子，百事可乐公司在开始认真了解客户的需求后就成功从可口可乐公司手中将汉堡王的生意抢了过来。

模仿——多模仿对方的身体语言，但不要吓到对方。你不必像神经语言学家那样严格，但你可以通过模仿对方的姿势、语速、手臂的动作等在无形中赢得对方的好感。当然，在第一次见面的时候，身体语言是非常重要的。马克·麦科马克认为，我们可以通过观察一些有意（如衣着）或无意（如身体语言）的信号来了解对方。但这一过程是相互的，所以你要一边观察一边发出你的信号。

衣着得体——廷珀利建议到，不要试图突出自己的个性，要遵循"群体规范"，而在职场中，这意味着衣着得体。

尽管不同行业有不同的着装要求，大部分办公室工作都有共通的标准着装要求（或正式或时尚休闲）。对男性来说，这也包括要刮胡子，避免奇怪的穿孔、纹身、珠宝和发型。女性的着装要求更细微一些，但也是值得注意和观察的。例如，女性高管的着装就与女性助理和前台的着装有着天差地别。上班时候穿的衣服要看起来像是在上班的，而不要像是要在夜店收获艳遇一样。当然，创意产业的着装要求更时尚，可能允许员工在身上穿孔、纹身和留胡须。但是，即使在这样的行业工作，保持衣着低调——至少在你在该行业立足之前——总比令人生厌的矫揉造作要好。过犹不及，这反而会摧毁你的自信。

理解、同情对方——不管对方说什么，也不管他们的观点和你的观点有多南辕北辙，你的目的不是争辩而是赢得对方的好感。正如理查德·卡尔森所言，不管他们的观点是什么，你都应该表示同意——这样做"只是觉得好玩"。

叫对方的名字——廷珀利引用了戴尔·卡耐基的一句名言：自己的名字是"每个人听到的最悦耳的声音"。所以你应该努力记住每个人的名字。我在接受销售培训时学到的一个技巧是，在对方介绍完之后就马上复述对方的名字。比如，如果对方说，"你好，我叫达芙妮"，我们马上会说，"达芙妮，你好"。当然，我们可能得多说几次才能记住，但不要过于频繁地叫对方的名字，避免让对方感到不舒服。

让对方觉得自己很特别——这一方法适用于人际交

往的各个场合。强烈害怕失败的人往往都过于关注自己内心的感受——经常纠结于自己内心的不安全感——以致我们忘记了不管什么时候,建立良好的人际关系的最有效的方法就是让对方觉得自己受到重视。多在细节处称赞对方——这是迄今为止已知的最好的销售手段。

很好地介绍自己——多练习自我介绍。举例而言,如果你这样介绍自己:"你好,我很无聊,你不会想跟我聊天的",那么你马上就能证明自己是对的。当然也不要撒谎,但要强调积极的信息,或者开个玩笑。比如,"你好,我刚进入废物管理这一行——天啊,这一行可真需要清理一下了!"好吧,这个玩笑不太合适。

充满热情——廷珀利说不管我们说什么作为开场白,我们一定要热情,让对方感到舒服。

握手——在绝大多数场合,握手是礼貌的表现,但也要具体问题具体分析。避免亲昵的亲吻举动,除非这是业内的礼仪,但就算如此也不要自作聪明——往往只有关系亲密的人在打招呼时会这么做。至于握手,我读过的每本书都建议读者握手时要有力,但我则相反,我要提醒读者不要把对方的骨头握碎了。轻轻握一下就可以了,如果你握得太用力,那你可能会让对方以为你是个没经验的销售。

有效地利用空间——这一点对我来说很困难,因为我有鸡尾酒会综合征,嘈杂的环境会让我很难听清对方。结果虽然我想往后站,身体却向前倾,当然这更让对方以为我在注意听他说话。廷珀利的观点是,站在某人的一侧,模仿对方的身体语言,显得既轻松又有默契,这比面对面地交流效果要好。

展示自己——在聆听对方说话的时候,你也应该分享自己的事情,才不会让对方有被盘问的感觉。要开诚布公,事无不可对人言。我还发现,"我是个新人,很想多认识些业内的人"这句话能很好地卸下对方的心防,让他们愿意和你结识,证明自己在业内的地位。

社交禁忌

社交和职场行为有些共通的禁忌,其中最大的禁忌是:"不要通过性来建立人脉。"过于轻佻会改变谈话的本质,排挤团体里的其他成员,是不专业的表现,比任何其他行为,包括酒吧盗窃或斗殴,都能更快地让你的声誉毁于一旦。即使你一开始成功了,但是,利用性来上位就相当于在宣称你自己除了性没有任何别的值得他人考虑的能力。

通过这种方式获得成功会让各个级别的同事讨厌、看不起你,而这最终也会影响你的前途。如果那些自大的有着强烈成就动机的人想走这条路,那就随他们去吧,像我们这样强烈害怕失败的人应该吸取教训、谨言慎行,避免犯同样的错误。

关于其他的社交禁忌,我们可以参考戴尔·卡耐基的名著《人性的弱点》——最早在20世纪30年代出版。

卡耐基写道,"批评就像家养的鸽子,早晚会飞回来的"。

善待他人是卡耐基的第一准则。在社交场合尤为如此。我曾为了让别人觉得我很有趣、了解内幕而传播了一些我听到的有关某个业内人士的流言和批评的声音,有一次我甚至只是把对方很介意的昵称说了出来,结果两位当事人都知道了。这让我损失了两个人脉,也玷污了我的声誉。

由于内心的不安全感,强烈害怕失败的人的一个特质就是牢骚抱怨,但我们应努力克制。

卡耐基曾说,"任何傻瓜都会批评、咒骂、抱怨,很多傻瓜也都在这么做。但是,只有有品德和有自制力的人才会理解、宽容别人"。

卡耐基还建议我们避免争执,尊敬对方,了解对方的观点,在一开始就表现出友好的态度(即使你很生气),尽量以"是的"作为每次对话的开始——不管你同意的是什么。

但所有这些社交的努力都要有回报,不是吗?当然不是。只要我们站对梯子,那么认识其他业内人士本身就是种回报。人脉就像是湖中的水波,每一道水波都早晚会荡到岸边。销售、工作机会、合作关系、员工、宣传……在未来的某一天,所有这些可能都会因为今天的一次对话而向你敞开大门。

如果有空缺的话……

但是，所有的联系都像是投入水中的鹅卵石，而不是大石块，所以你应该降低自己的预期。如果你希望对方为你提供工作，那你可能需要扔一下大石块——如，向那些你希望为之工作的人直接表达你的想法（但千万不要在社交场合这样做）。

然而，你应该瞄准后再投石块。你应该主动研究你想要工作的那家机构，找出你要找的人，然后集中精力和这个人联系。但是，你同样也要降低预期——礼貌地告诉对方，虽然你现在工作小有所成，但是你的最终目标是为业内领先的（最有创意的、最大的等）公司工作，所以如果在可预见的未来有空缺的话……

不要显得过于急切、啰嗦、自大或谄媚。这只是职业人和职业人之间关于意向的对话。此外，还要避免让人觉得你是在逃避现在的工作。在招聘面试的时候，我现在都会问每一个求职者是否是为了逃避现在的工作。就像情场浪子和一些杀人犯一样，逃避者也容易成为"惯犯"。

面试技巧

要实现这一目标，强烈害怕失败的人还要越过一大鸿沟：面试、面试、无止境的面试……在我成为银行家之前，我不得不忍受三次非正式会面、四轮正式面试、一顿晚餐、两顿午餐、两次重大就会和在伦敦周边的一次公司周末员工活动（这还不算我在纽约和伦敦的年度员工活动上分别做的演讲）。虽然作为一名强烈害怕失败的人，我有夸大事实的毛病，但是以上所言千真万确，这只不过是在甄选高级岗位候选人时为避免做出错误的决定而形成的惯例。

在《巧妙回答刁钻的面试问题》(*Great Answers to Tough Interview Questions*)（2001年），马丁·约翰·耶特（Martin John Yate）[《敲定胜局》(*Knock em' Dead*) 系列丛书的作者] 指出，在面试的时候，你应该利用你的经验和能力，切实证明自己为什么适合这份工作。即使是大学时代的志愿经历或实习经历也可以，但"说谎或夸大事实可能会让你丢掉工作"。当然，再薄弱的经历也好过单纯地说自己非常乐于或善于学习——这种口号式的语言是毫无意义的。

耶特警告说有许多面试问题都是陷阱，包括（这里同样也加入了我自己的理解）：

你最不喜欢哪些办公室工作？ 面试官是想知道你有多成熟，所以你要用积极的态度来反驳，回答说可以从"最平凡的工作中"学到有价值的技巧。

你当初是如何选择上哪所大学的？ 面试官是想了解你是喜欢宅在家里还是很有干劲。

你是如何支付学费的？ 你可以提到大学时代做过的任何一份兼职——不要显得像个"信托嬉皮士"（在英国指有信托收入的年轻人）。

你上一份工作的高潮和低潮分别是什么？ 面试官是想看你是不是为了逃避上一份工作。所以，对上一份工作要进行积极的评价，说这个机会更适合你，更符合自己下一步的规划。

你为什么挣得这么少？ 这很可能是你唯一能礼貌扔回给对方的问题。你可以说，在我这个年纪，经验比金钱更重要，那您觉得我现在应该挣多少？（但等到对方愿意提供工作机会后再讨论工资和待遇问题）

耶特警告读者要在面试中避免"不停地点头"——头略倾向一侧，时不时地缓慢点头。耶特同样也不建议露齿而笑或做一些手势，因为这可能会引起误会，如敲笔（不耐烦的表现）、双手交叉放在头后（洋洋得意的表现）、整理领口（撒谎的表现）、双手插口袋露出大拇指（有攻击性的表现）。可以和面试官眼神交流，但不要盯着对方看；可以模仿对方的动作，但不要吓着对方；可以做笔记（这能帮你避免过度眼神交流或模仿），但不要逐字记录。

在接受销售培训时，我学到打电话不是为了卖东西，而是为了下一通电话。第二通电话的目的呢？是为了会面。而会面的目的呢？是为了下一次会面。第二次会面的目的呢？是为了在第三次会面时完成销售。记住你要一步一步往前走——不要急进，但如果你能躲过三次非正式会面、四轮正式面试、一顿晚餐……那么你该对此心存感恩。

对任何职业来说，强大的社交能力都是至关重要的，而这一能力是可以通过掌握其中的规律来培养的。你的目标不是证明自己，而是赢得他人的好感，所以不要关注短期利益。在面试中，即使是薄弱的相关经历也好过无意义的承诺。

第十六章　领导力

对那些强烈害怕失败的人来说，领导力是一个陌生的概念。但是，为了取得进步，我们几乎必须管理他人、组建团队、给出指导意见，即领导。我们或许会被迫**领导**，但是如果我们想要进步，我们就必须学会领导。然而，强烈害怕失败的人并不是天生的领导者；相反，我们的直觉事实上告诉我们应该避免领导他人。对强烈害怕失败的人来说，领导力是个矛盾的概念。

然而，和实现目标一样，只要我们准备好接受真实的自己——包括我们天生的缺陷——把经历外化和客观化，那么我们就可能成长为领导者。如果我们能不执着于现在的自己——而是看眼于长远的我有限公司——那么，我们就能成为高效的领导者。

简单来说，领导力就是带领一群人实现目标的能力。所有团队都有其各自的目标，而作为领导者，你必须完全认同这些目标。如果你将这些目标视为你自己的目标，那么领导不过就是招一帮人来实现这些目标,这对强烈害怕失败的人来说是个很好的角色互换的机会,因为他们更习惯于被那些有着强烈成就动机的人招募去实现后者的目标。

鉴于你是你自己所取得的成就的守护者和保证人,你应该首先掌握一些领导技巧;其次,抛开恐惧练习这些技巧。事实上,说"练习"非常恰当,因为管理也能熟能生巧。我以这样或那样的形式管理他人已经有 17 年了,早期也犯过一些错误:不老练、笨拙、自私、不善教导、执行不力——这都是因为我的不安全感和多疑。

强烈害怕失败的人适合当领导

对我身边的人来说,幸运的是我今天比过去已经小有进步,主要是因为强烈害怕失败的人反而适合当领导。企业转型专家曼弗雷德·凯茨·德·弗里斯(Manfred Kets de Vries)在《神秘的领导力》(*The Leadership Mystique*)(2001 年)一书中指出,商业领袖所接受的传统训练是重视"冰冷坚硬的数字和逻辑"。而诸如情感和直觉等"软件"由于其结果的不可衡量性在管理学上被视为无关紧要。但实际上,情感问题往往却是非常重要的,也很难发现,因而处理此类问题也变得尤为困难。

然而,凯茨·德·弗里斯指出,忽视"软件"将会阻碍你作为领导者的前途。

他解释道,"情商是领导力的重要部分,归根结底:情商高的人,领导力更强。"

这又回到了丹尼尔·戈尔曼的《情绪智力》和他有关情商的观点。然而,当我们开始带领团队的时候,说明现代世界已经变得对强烈害怕失败者更为有利。本书绝大多数读者的工作都和知识经济有关,工作环境或为办公室或为工作室,人们不但有技能也有选择。我们早已不是上个世纪的产业工人,不再从事零碎的、不费脑子的工作,我们的生产力也不再纯粹地以量化结果来衡量。

在现代经济中,生产力包括可量化的指标,如创造力、思想领导力、分析和思考过程,这就要求生产者的情商和智商都能胜任生产任务,也要求领导者能够从情感和智力方面激励工人。

新的领导方式

正如凯茨·德·弗里斯所言,旧的领导模式"命令—控制—服从"已经被新的模式"想法—信息—互动"所取代;过去要求员工终生服务和终生忠诚的家长模式已经被更为成熟的关系所取代,这对管理提出了新的需求,而令人惊奇的是,正在康复中的强烈害怕失败的人却对此得心应手。

但是我们必须学会如何利用这一机会。由于强烈害怕失败,我们过于沉迷在自我的世界,可能会因此忽视我们过去的弱点——过于情绪化、过于敏感、害怕丢脸、太在乎外在的观点——现在已经成为了我们的优势。然而，要领导他人，我们必须外化这些经历，从他人尤其是被领导者的角度来看待。

当然，强烈害怕失败的人成为领导者看似反常，除非我们回到现实，认清自己，这样我们就能从这些经历中——如果我们能从中学到什么的话——很好地了解下属的需求。但那些有着强烈成就的人却没有类似的、有帮助的经历。

同理心：一种极其重要的能力

在《情商实务》（*Working with Emotional Intelligence*）——《情绪智力》的姊妹篇，1998 年出版——一书中，丹尼尔·戈尔曼称，在现代职场中，了解他人情感需求的能力是至关重要的，是商业领导力的基石，能帮助我们指导下属、解决职场矛盾。

戈尔曼称，要实现生产力的最大化，必须要有强大的人际关系做支撑，但如果我们没能足够重视我们所做的决定对下属情绪的影响，那么我们很可能会失去人心。有着强烈成就动机的人可能会在这一点上栽跟头，因为他们只关注成就动机，而正在康复中的强烈害怕失败的人由于本身不安全感则能体恤下属，只要我们明白下属现在所经历的正和我们当年所经历的一样。

戈尔曼的主要观点是：下属尽管处在金字塔的底层，但也至少和上司同样重要。这意味着在领导他人的时候，我们的不安全感——经常在意他人对我们的看法——终于也有用武之地了。但特别的是，在这种时候，强烈害怕失败的人可以变得对某些人不再敏感。和那些有着强烈成就动机的老板在一起的时候，强烈害怕失败的人往往会觉得自己应该向他们学习——只在意结果，而不在乎队员的意见——但这会带来灾难性的后果，因为在这种情况下，应该是有着强烈成就动机的人向强烈害怕失败的人学习。

成功悖论

在《没有屡试不爽的方法》(*What Got You Here Wont' Get You There*)（2008年）一书中，马歇尔·戈德史密斯（Marshall Goldsmith）[与马克·赖特（Mark Reiter）合著]就谈到了这个问题。在解释这个被他称之为"成功悖论"的问题时，戈德史密斯说，那些使你成功的信仰和行为有可能会阻碍你成为好的领袖。

讽刺的是，这些问题行为包括：

"百战百胜"，伤害他人的自尊心；

"创造太多价值"，使他人没有表现的机会；

"决断"，这说明你没有聆听他人的观点，而只顾表达自己的观点；

"直言不讳"，说话伤人，爱批评他人；

"急于表现自己"，而不是称赞他人。

那些有着强烈成就动机的人就是靠这些特质才爬上成功的巅峰的。但是，现在他们就可以开始疏远下属，打击下属的自信，扼杀他们的创造力，让他们意志消沉，并最终摧毁他们的忠诚。难怪有这么多有着强烈成就动机的人在当上老板后还干劲十足——收购公司，变成企业狙击手，做一些疯狂的交易，甚至招摇撞骗，就是不培养下属。

事实上，只要我们正确理解"领导力"这个词，我们就能明白其中的问题所在。领导不是为了让他人追随我们，重要的是启发下属。

一分钟管理

那么，怎么做才能最好地达到这一目标呢？我认为最有效的领导方法是放手让下属去做。在《一分钟管理》(*One Minute Management*)（1983）一书中，管理培训师肯·布兰查德（Ken Blanchard）[与斯宾塞·约翰逊（Spencer Johnson）合著]力图证明在管理团队时，少即是多。在至关重要的60秒里，领导不是进行指导或管理，而是与下属就某一项目或任务的目标达成共识。而如何实现这一目标则是由负责执行的人来决定。这样能激励队员尽最大努力完成任务，因为这说到底是他们的任务，最后的荣誉也都应该归他们所有。

布兰查德的这种管理方式是为了建立员工的自信和主人翁精神。但给下属自由并不意味着放手不管——布兰查德还补充了诸如一分钟谴责和一分钟称赞等手段让经理在必要时介入（但要慎用谴责）。上司的信任会激励下属最大限度地释放自己的潜能，以回报上司的知遇之恩。

让他人觉得受到重视

此外，成功的领袖还有其他许多重要的特质。在《人性的弱点》一书中，戴尔·卡耐基称有影响力的人身上最重要的特征之一就是他们能让他人觉得自己很重要。不管我们的团队有多么年轻、多没经验，他们和其他所有人一样都强烈地渴望受到重视，而作为他们的领导者，我们也有权力让他们觉得自己受到重视。

卡耐基的另一个建议是不要吝惜赞美他人。但这并不是让你在下属犯错的时候还要加以称赞，但若要批评，那么三明治批评法就是个不错的管理方法（先说点好的，然后指出问题，再用积极的语气结束）。在称赞他人的时候，你应该是发自肺腑、真心诚意的，而不要让对方觉得你咬牙切齿、言不由衷。

在我看来，赞美是仅次于金钱的最有价值的货币——事实上，如果使用得当，它还能做一些金钱做不了的事。除了贪财的人，对其他人而言，金钱是一种规避商品。绝大多数人，尤其是年轻人，都在避免不挣钱而不是积极、努力积累财富。如上所述，绝大多数人寻找的是一种成就感或幸福感——觉得自己受到重视。在这一点上，他们看重的是他人的称赞。作为领导，你应该重视他人对你的批评（我承认这对那些强烈害怕失败的人来说很难），也应该重视称赞他人：赞美远比批评重要。

马斯洛的需求层次理论

如果你觉得这听起来有点牵强，那么可以参考马斯洛的需求层次理论。亚伯拉罕·马斯洛（Abraham Maslow）在研究了杰出人物及其动机后发展了一套有关人类需求和自我实现的理论。在1943年发表的论文《人类动机论》(*A Theory of Human Motivation*)中，马斯洛用金字塔来形容人类的需求层次，处在最底层的是基本的生理需求，如食物、水和睡眠，往上是安全需求，如住所、工作和健康灯，再往上是友情和爱情，然后是自尊、信心、成就和他人的尊重。在金字塔的顶端是道德和创造力。而在各个层次上，金钱只是我们实现目的的手段。

对所有的领导者来说，这一理论非常有启发性，也远比薪资标准更强大——主要是因为如果底层的需求没有得到满足，人类显然无法往上追求上一层的需求。只有当我们得到生存所需的食物和水之后,我们才会考虑住所和安全感的问题;只有当我们安全之后我们才会考虑爱和归属感;只有当我们被爱之后,我们才会考虑自尊和他人的尊重;只有当我们学会尊重自己,我们才会渴望道德。

如果你用这个理论来分析自己和你的团队,那么你很快就会发现现代雇员已经都超越了安全需求层次,而绝大多数——但愿如此——也将会获得爱和归属感,但强烈害怕失败的人很可能会因为童年时候的创伤而无法实现这一层次的需求,继而无法追求更高层次的自尊和信心需求。在这一点上,虽然你不能给他们想要的爱,但你可以让他们有归属感,这会增强他们的信心、激励他们做出成绩,从而打造一个高效的团队。而这反过来也会增强你——在克服对失败的恐惧的过程中——的归属感。

所以,放权和赞美远比奖惩(开除或升迁)更能给团队带来安全感,也更容易实现。

招聘策略

但是,要是你不信任团队的能力,不敢放手让他们去做呢?要是他们确实不值得称赞呢?那么,你可能雇错了人。事实上,这种情况大有可能。众所周知,强烈害怕失败的人往往会雇错人。我们本想找一些不会挑战我们本已脆弱的权威的员工,但最后却雇了那些我们觉得有"态度"

的人。有时我们会自欺欺人地以为自己可以对付"大牌球员",但很快危机——不管是真的危机还是我们臆想出来的危机——就会让我们发现,团队里容不下"大腕",特别是那些威胁到我们自身地位的人。

当然,如果对团队没有丝毫信心,一分钟管理是不可能行得通的,所以我们的首要任务可能就是招一些有实力的队友。

但是,一个正在康复中的强烈害怕失败的人应该如何进行招聘呢?绝大多数有关招人的书籍都包含一些"请在方框中打钩"和"制定规则"等内容,给你一些适当清晰的建议,就像是写给刚进人力资源部门的新手看的一样。但是,招人——尤其是首次招人——对任何想要获得成就动机的人来说都非常关键。我们必须有勇气相信自己的选择,组建一支能帮助我们实现目标的团队。汤姆·彼得斯(Tom Peters)在根据研讨会材料整理而成的《疯狂的时代呼唤疯狂的组织》(*Crazy Times Call for Crazy Organizations*)一书中写道,在企业招聘方面(和很多其他方面),"绝大多数企业都让我觉得无聊透顶"。

尽管方式不同,但彼得斯和布兰查德一样都希望组建一家"有求知欲的公司"。你能组建并带领一支有求知欲的团队吗?回答是如果你想组建一支高效的团队来实现你的目标,那么你就一定要这样做。否则,你招到的只是个人助理,而当员工发现这一点后,他们会心存怨恨,或许干脆辞职，让你不得不从头开始——这是最好的情况，最坏的情况是他们会让你心里的疑虑变成现实。

发现有求知欲的人

如果我们同意汤姆·彼得斯所说的，寻找有求知欲的人是我们的出路，那么，我们应该如何发现他们并让他们加入我们呢？事实上，这并不难。

彼得斯指出，"我认为企业招聘手册里的第一条守则是：不要招聘那些简历上从毕业后到现在没什么工作经历的人"。

在招人的时候，我们绝大多数都在寻找那些有着完美简历的求职者——成绩优秀的毕业生、知名大学的毕业生、有良好的相关经历的求职者、没有可能需要解释的污点的求职者。对人们来说，这种人就像是 IBM（有句商业名言说道：没有人会因为聘请 IBM 而被解雇）。但是，彼得斯的意思是，我们考察的方向可能错了。那些走南闯北或有多种丰富经历的人可能正是我们所需要的人才。他们甚至可能和我们一样强烈害怕失败，饱受挫折感的折磨。如果我们认为这份工作不是他们的又一个跳板，而是他们真正想要的——且他们发自内心地认同我们的目标——那么，只要我们能够启发、激励他们，那么我们就可能挖到了珍宝。

彼得斯建议道，"雇一些古怪的天才，招一些怪咖。"

彼得斯的意思是，在招人的时候疑心重重、小心谨慎或许比较安全，但这也可能让你付出代价，而打破传统，招聘一些非传统意义上的人才很可能会给你带来高额回报。主要是因为如果我们能招募一些有才华但缺乏方向的年轻人，并给予他们方向感——尤其是让他们靠自己找到方向，那么，我们就能赢得他们的忠诚。

这一方法并不总是奏效

然而，没有什么招聘方法能够确保万无一失。在这种情况下，招聘者不要太过自责。人无完人，不管他们在面试时怎么说，也不管我们多努力劝说，并不是所有人都会认同你的目标。

我们有我们的目标，这才是我们唯一应该关注的事情。如果有人和我们不同步——在你屡次试图激励他们却失败后，那么双方都应该向前走，我们要认识到每次错误都让我们朝着成功又前进了一步。

话虽如此，你应该为每次错误负责，并从中学习。招聘是你必须掌握的一项技能。

早期我经常犯的两大错误是：

为了避免重复上次的错误而有意做相反的决定。我经常寻找那些和我上次失败的招聘截然不同的人，这也说明我没能对之前的错误负起责任。

过于看重文化契合度。招聘一些和我们类似的人恰恰证明了我们固有的成见，也有可能会降低我们的效率。我们需要来自不同背景的人才，他们不必非得同意我们或彼此的意见。如果我们过于敏感，无法面对批评，那么我们就会扼杀团队的潜力。在招聘的时候我们需要敢于承担责任，而在面对来自应聘者和新人的批评的时候，我们应该考虑的是我有限公司的目标，而不是我们个人的感受。

激励型领导力

重视并采纳下属的意见会激励下属更好地工作。事实上，"激励"很重要，因为好的领导就是要能够激励下属——这是他们的重要特质。

在《激励型领导》(*The Inspiring Leader*)（2009年）一书中，领导力导师约翰·辛格（John Zenger）、约瑟夫·弗克曼（Joseph R. Folkman）和斯科特·艾丁格（Scott K. Edinger）三巨头指出，在所有有关个人或组织对领导期望的分析或调查中，激励他人的能力几乎都是最重要的。他们写道，激励型的领导有一些共同的特质：富有人格魅力、自信，对未来抱有愿景，能够建立一种充满希望、积极、自信、自我实现和坚韧的企业文化。

天啊！这还是更适合那些有着强烈成就动机的人。

但是，我们应该暂时把这种想法放在一边。上述三巨头认为，卓越的领导通过自身的行为和态度以身作则，影响他人。员工都在寻找可以学习的榜样，而只要我们的行为值得效仿，作为领导者，我们显然是榜样的不二人选。因此，工作节奏、产出的标准、与客户的相处之道、办公室规范等都是由你——团队的领导者、员工的榜样——来决定的。

这三位作者也写道，"不管有意无意，领导者要以身作则"。

这也意味着，激励下属不仅仅是指挥军队冲锋陷阵、身先士卒，还要以身作则，建立适当的标准、鼓励对公司有利的行为。所以，你在职场的表现——以及你和他人的相处方式——都能像亨利五世的恳求那样激励人心，让将士愿意为你冲锋陷阵。确实，鼓励员工以智取胜、避免牺牲的公司文化更能激励员工——尤其是在现代社会，为你工作的很可能是接受过良好教育或经验丰富的专业人士，他们只是希望有榜样能让他们学习，且能让他们自由发挥才能。

激励团队

安东尼·罗宾斯（1992年）曾说过，绝大多数公司激励员工的核心策略就是使用负强化，即恐惧，这让我们又回到了强烈害怕失败的人的主要动机——逃避。然而，对那些正在努力克服恐惧的领导者来说，他们应该比任何人都更清楚这对员工的杀伤力有多大，对领导者来说有多短视和自我毁灭。

罗宾斯继而指出，这些公司采取的第二个策略是金钱激励。他认为，这是个好方法，也广受欢迎，但他也指出金钱作为奖励所带来的回报是递减的，尤其是忠诚度——你可以看到伦敦或华尔街在奖金发放后都会马上引起一股辞职潮。

罗宾斯认为，"激励他人的第三个也是最有效的方法是个人发展"。

通过培训和指导、培养员工的独立工作的能力、增加责任和项目管理、引导员工渐渐深入战略和目标制定的流程，你可以帮助员工实现个人发展，让他们对工作充满热情，积极贡献自己的力量，而这将会大大减轻你的负担。

如果你的直线经理的作风与此相差甚远，那就更好了。作为领导者，你不是要模仿那些失败的领导过你的人，而是要推广一种更好的领导方式，并将其实现。

要忠诚于下属，而不是上级

事实上，领导力的重点在于忠诚的概念和我们强烈害怕失败的人所认为的或期待的（或曾经历过的）截然相反。我们要为那些为我们工作的人代言——为他们辩护。

唐纳德·拉德鲁（Donald Ladew）在《管人之道》

(*How to Supervise People*)（1998年）一书中写道，如果有人质疑我们团队的工作能力，那么我们就应该站出来为团队辩护，而且必须坚持亲自处理所有的质疑——拒绝让他人越俎代庖。而且，在变革时期，我们必须成为员工可靠的依赖，还要能促进他们的个人成长。

拉德鲁写道，"伟大管理者通过带领他人走向成功而实现自己的成功"。

如果你是新官上任，那么拉德鲁为你提供了一些管理者的"基本原则"，如（向整个团队）介绍你自己，先不急着做出重大变革，忽略谣言和流言。但你还要知道团队里哪些人能干、志在高远、积极、奋进，尽管你必须接受自己作为管理者的角色。要赢得人心，不一定非得和团队打成一片或做个老好人。

拉德鲁称，"如何管理下属是决定一个管理者成功与否的最重要的因素"，或者也可以说，是评判一个正在康复中的强烈害怕失败的人成功与否的最重要的标准。

牢记下属现在所经历的正和我们当年所经历的一样，这能极大地增强你的领导潜力。你应该有效地分派任务，成为好的导师，不吝惜赞美。你在招聘时还应该大胆用人，不拘一格，克服自己对失败的恐惧。

第五篇

我有限公司

第十七章　强烈害怕失败的创业者

用以下问题来为本书结尾如何：强烈害怕失败的人能成为创业者吗？能建立并管理自己的公司吗？

为自己工作很可能是你在掌握自己命运的过程中迈出的最大一步。这也是人格解体的最后一步——最终将我变为我有限公司。但是，绝大多数强烈害怕失败的人都会避免创业，这主要是因为很多创业书籍所宣传的典型的、成功的创业者和强烈害怕失败的人相去十万八千里。英国创业大师迈克·索森（Mike Southon）在其著名的创业教科书《好主意变大生意》（*The Beermat Entrepreneur*）[2002年与克里斯·韦斯特（Christ West）合著]一书中有如下描写："创业者自信满满，是天生的乐观者：他们知道自己一定能成功……他们还很有魅力，能激励他人……他们的乐观能感染身边的每一个人……他们雄心勃勃……他们总是行色匆匆……他们还很自大，因为他们知道自己很优秀。在任何事情上……他们都有很强的控制欲……利用别人。"

持有这一观点的不只索森一个。创业顾问和作家约瑟夫·波耶特（Joseph H. Boyett）和吉米·波耶特（Jimmie T. Boyett）在《创业者：世界上最卓越的商业头脑》（The Guru Guide to Entrepreneurship）（2002年）一书中也得到了类似的结论。

"成功的创业者永远都有一颗乐观的心……不怕突破……挫折会让他们更加投入……更加坚信自己是对的。"

事实上，所有的创业书都把创业者描绘成一个飞扬跋扈的冒险者的形象——充满自信、有远见、敢于挑战命运、在危险面前面不改色、总是一脸坏笑的酷酷的形象。但对强烈害怕失败的人来说，这些书毫无用处，因为它们针对的是不同的读者群。索森本身是一个成功的创业者，身价百万，他在前文对创业者形象的描述其实是在描述他自己（我见过他几次，所以可以证明这一点）。《创业者：世界上最卓越的商业头脑》这本书也是一样，书中列举了一些愿意"突破"的"天生的领导者"，包括微软、网景、迪士尼、家得宝、班杰利冰激凌公司、维珍集团、戴尔电脑公司和亚马逊公司。

《好主意变大生意》和《创业者：世界上最卓越的商业头脑》这两本书的研究对象都是商业巨头和准巨头，发现他们成功的秘诀，帮助读者成为像山姆·沃尔顿（Sam Walton）和理查德·布兰森那样的开拓型创业者。但是，在我看来，绝大多数的创业者并不是这种人。

创业神话

小企业创业大师迈克尔·格伯（Michael Gerber）在《创业必须经历的那些事》（*The E-Myth Revisited*）（2004年）一书中研究了绝大多数小企业失败的原因，为我们提供了一个更好的视角。在谈到"创业神话"时，格伯认为人们创业的原因有很多，但是绝大多数企业都不是由有远见的创业者创立的，而是由那些厌倦了给别人打工的记账员、理发师、水管工、销售人员和秘书等建立的。

这绝对能让强烈害怕失败的人产生共鸣，因为他们当中有很多人都认为现在的老板和公司就是他们成长道路上最大的障碍。他们或许会觉得自己不受重用或受到不公平的对待，因此尽管他们内心对此感到恐惧，但创业成了他们现实的选择。

格伯曾说："伟大的公司不是由非凡的人物创立的，而是平凡的人做出了不平凡的成绩。"

关于这一主题还有另外一本好书——美国创业者安东尼·亚奎多（Anthony Iaquinto）和小史蒂芬·斯宾奈利（Stephen Spinelli Jr.）写的《永远不要孤注一掷》（*Never Bet the Farm*）（2006年）。这两位作者同样也打破了创业者的英雄形象，认为创业者只是普通人，和其他人一样会害怕，也有缺点。确实，《永远不要孤注一掷》这本书的一个重要建议就是要面对现实,并认为成功的创业者是"风险管理者,而不是冒险者"。

他们写道,"永远不要忘了恐惧,也不要试图克服或忽略它",有趣的是,书中还引用了沃尔玛的山姆·沃尔顿和维珍集团的理查德·布兰森为例,说明如何克服与恐惧有关的缺点而实现自己的目标。

在英国国内还有《星期日泰晤士报》的企业编辑雷切尔·布里奇(Rachel Bridge)。雷切尔采访了来自英国社会各界的许多企业家,并将这些访谈整理成书,其中就包括《我是如何成功的》(*How I Made it*)(2005年)。在这本书的前言中,雷切尔并没有描绘典型的创业者的形象,因为她认为创业者形形色色:"有的年长,有的年轻;有的受过良好教育,有的没怎么上过学;有男的有女的;有的天生自信,有的腼腆害羞。"她还指出有的创业者"一天就能想出十几个新主意,而有的一辈子只有过一个主意——甚至连这个主意都可能不是创新的"。

雷切尔的结论是,"成为成功的创业者这一目标之所以如此令人激动,是因为实现这一目标毫无章法可循。"

我的亲身经历也可以说明这一点。在互联网最繁荣的时期,我和人合伙成立了都会立方公司,并担任首席执行官。都会立方公司是一家"电子商务"孵化器。我们在伦敦金融区外围租了两栋简单装修的办公楼,并配备了一流的技术,希望能为互联网的年轻创业者提供办公场所——

让他们离开温暖的被窝，为他们提供创业的环境。

最后，互联网泡沫破灭了，而这些刚刚孵化的公司也大都成了陪葬。但与此同时，我们拓宽了业务领域，涵盖了多种多样的创业公司——在三年的时间里，我们见证了200多家小企业的孵化，并为其中很多企业提供了帮助。

可持续企业的特征

作为首席执行官，我要见每一个申请者，并能对每家申请公司的潜力做出很好的判断，再据此收取相应的押金。我们的目标是建立可持续稳定发展的公司。哪怕是家十几个人的小公司，也是了不起的成就。但是，尽管这些可持续的公司的经营者来自不同背景、性格迥异，我还是注意到他们有一些共同点。以下就是我自己观察的结果（完全不科学）：

清晰 成功的公司都有一个清晰的商业计划，这个计划往往是关于该公司占有优势或能更好地提供、执行的现有的产品或服务。当然，互联网热潮让此类评估变得更加困难，但我知道如果有人不能用一句话解释清楚，或者——更糟的是——要借助活动图挂和笔来帮我"弄清楚"，那么我就该小心一点了。

资助 大多数成功的公司都没有获得他人的资助。事实上，所有那些向我炫耀自己傍上了多么了不起的金主的公司都维持不了多久。他们滔滔不绝地声称有多少大人物要投资他们，但实际兑现的却很少。事实上，像这样的公司往往会要求租一整层楼，把很多钱花在打隔断和买家具上。但与此同时，他们并没有任何收入，所以很快就会弹尽粮绝。

收入 能存活下来的公司虽然形形色色，但它们都有收入。在某个地方有人会为它们所做的事情而付钱，不管数额多少。有人或许会觉得这个道理显而易见，但事实并非如此。

成本 成功的公司都非常严格地控制成本。他们不喜欢花钱，每一笔账都会和我锱铢必较。这些人会尽可能减少入驻的成本，选择最便宜的办公室。他们的求生本能让他们尽可能地压缩成本。

自我 失败者都是些自大狂。我在与其他首席执行官和自大的高管聊天的时候，心里会有一个"胡说八道指数"。如果一家公司的经营者是个自大狂，那么我心里的"胡说八道指数"就会开始发出警告。这种人只会纸上谈兵，完全不知道如何从零开始经营公司——或管理人才。他们很快就会消失，而且往往借口自己需要"更灵活"的东西或用其他蹩脚的借口来"打断我"。

话虽如此，自大者往往都很乐观，而且事实上所有的创业书籍都同意乐观是创业的必备要素，而这正与强烈害怕失败的人天生的悲观主义背道而驰。但我不同意这一说法。许多例子已经证明盲目的乐观主义会把你引向深渊，而谨慎的悲观主义才会让你考虑到各种不利因素、精心制订计划并坚定执行。

销售 令人惊讶的是，许多公司完全不重视销售，这对任何一家小公司来说都无异于自杀。在担任都会立方公司首席执行官期间，我认为我的主要任务就是销售；在成为穆尔盖特信息公司的首席执行官后，我依然这样认为。如果首席执行官不能为公司带来客户，那么他（她）充其量只是个办公室经理——这对一家刚起步的公司来说是很奢侈的——或只是这家公司机器上的一颗螺丝钉，很容易就被销售人员所取代。但咨询公司是例外。因为客户看重的是其首席执行官的专业能力，所以他们就很难在销售和执行中取得平衡。

灵活性 如前文所述，在都会立方公司被卷入互联网旋涡之前，我们不得不拓宽经营范围，面向所有新成立的公司。我们成功了，因为我们办公楼里的高科技设施吸引的不仅仅是互联网公司。那些想要加入我们的刚成立的企业也需要灵活应对环境的变化。例如，有很多公司一开始都想要在网上交易或网上零售等领域做出一番事业，但最终却为那些想要开发自己互联网产品的大公司提供软件。老板们往往会对这一结果感到满意，几乎感到如释重负，但我们也注意到那些不坚定的追随者往往会在这个时候离开。

退出 都会立方公司里的绝大多数成功的公司都一直在盘算着如何"实现价值"，如把公司卖给一个更大的对手。但是这样做也有其局限性。如果有人坚信自己的公司会在六个月左右上市,那么他们肯定是在胡说八道。但我注意到,那些想到未来如何退出的公司,或者那些至少有长远目标的公司往往更加专业。

投入 最后这一点也是最重要的决定因素。虽然这在第一次见面时很难看出来,但几周后你马上就能清楚地知道谁是认真的、谁只是来玩玩、谁只是想在大学毕业或进入咨询行业之前消磨点时间。在办公室的时间是一个很好的指标——那些在八点前到办公室的人明显会笑到最后;而那些十点后才慢腾腾到办公室的人还不如不要来(一段时间后,这些人就没几个能坚持上班了)。

奇怪的是,相反的标准则适用于下班时间。那些加班到很晚的人往往生活很没有条理,也不把公司当回事,那些认真工作的人最晚到八点也下班了,而那些通宵熬夜的人很可能只是昙花一现。撞球桌、飞镖板、塞满啤酒的冰箱和吵闹的音乐总会让我不安,因为这些都说明创业者只是把这当成一场游戏。

恐惧是不可避免的

因此,可持续的创业行为与我们常听到的英雄事迹相差十万八千里。这需要创业者长时间辛苦地工作、具备良好的组织能力和过硬的销售能力,但不需要自作聪明、莽撞冲动，还有重要的是，不要像那些有着强烈成就动机的人那样过分自信和盲目乐观。格伯的《创业必须经历的那些事》也表达了类似的观点，所以这本书对想要克服对失败的恐惧而创业的人来说非常重要。格伯还说那些关于男人和女人对抗逆境而功成名就的故事大都是假的，那些想要创业的人都崇拜错了人。真实的故事是最初创业的热情会逐渐被"恐惧、疲惫和误解"所代替。

然而，正在康复中的强烈害怕失败的人不应该被这种描述吓到。恐惧是我们的自然状态。在离开大公司后，比起那些或许是第一次真正体验恐惧的、有着强烈成就动机的人来说，我们应该能更好地应对。当然，作为创业者，我一天到晚都提心吊胆——尤其是在12月份客户决定是否要和我们续签下一年的公关合同的时候。但我在银行业工作的时候同样也是提心吊胆的。而现在和过去的区别就在于我现在能够控制恐惧。虽然恐惧，但我并不沮丧。这种对自由的恐惧要好受得多。

没有所谓的"典型的"创业者，所以不要被所谓的"典型"形象吓到。你所需要的只是为自己工作的强烈欲望、投入和组织能力。是的，你会恐惧，但创业者的恐惧是对自由的恐惧，这要好受得多。

第十八章 资助、白手起家和合伙关系

在上一章谈到的可持续的创业活动的特征中,有一点可能会让很多人大感意外:资助。事实上,所有那些"让我们一起创业"的材料——往往是由银行或资金委员会免费发放的——都会声称新公司都需要获得资助。当然,对任何一家公司来说,金钱就像氧气一样不可或缺,没有钱显然意味着大麻烦,尤其是对那些强烈害怕失败的人来说——他们或许从一开始就想打退堂鼓。然而,大多数小企业顾问所反复强调的"强大的支持"可能会使许多强烈害怕失败的小企业主或创业者堕入同样痛苦的命运:紧紧抓住风险投资者不放。

在这一点上我同意迈克·索森的观点。索森在《好主意变大生意》一书中谈到了自己的亲身经历:

"在指令集(Instruction Set)公司(索森后来卖掉了这家公司,成为了百万富翁),我们在没有任何大额的外来资金的情况下建立了一支 150 个人左右的团队。我建议你也这么做,部分原因是因为外来资金就像梦魇一样,但主要原因是因为拒绝外来资金会让企业在财务和销售方面更加严于律己,而这对企业来说是非常健康的。"

当然,索森也提到有例外的企业(比如生物科技公司需要外来资金以进行科学研究),但对绝大多数刚刚起步的企业——尤其是那些正在康复中的、强烈害怕失败的人所经营的企业来说,回避风险投资是最好的选择。用自己的钱经营公司的人会更投入。如果为了获得成功,创始人把全部身家都赌上了——甚至很可能包括他们的房子——那么在事业真正开始之前,没有人会说他们只是浅尝辄止或消磨时间。

当然,格伯提到的"恐惧"已有所加剧,但对新成立的公司来说,恐惧是好事。对任何一个正在克服自己对失败的恐惧的创业者来说,他们最不应该做的一件事就是用一个同样挑剔、同样爱控制人的新老板——即风险投资者——来代替旧老板。即使花的是银行的钱——以透支或借贷的形式,不管结果成功与否,这个钱也都是要还的。

关键是让自己摆脱这种种苦恼,而不是自掘坟墓,把决定权交到风险投资者或银行经理的手里。

没有外来资金的企业会更好地利用手头有限的资源——恨不得把一分钱掰成两半花。这些企业也知道企业的成功是唯一能实现投资回报的方法。

当然,拒绝风险投资可能会马上限制公司的发展——

尤其是当我们只使用自有资金的时候。这里有两点需要解释。首先，这种是正在克服自己对失败的恐惧的人的创业模式，所以关键是减少恐惧，但风险投资——及其随之而来的各种要求——只会适得其反。那么，如果公司发展的速度也因此放缓了呢？贯穿本书的一个观点是：对强烈害怕失败的人来说，没有大飞跃，只有一点一滴、不断自我肯定的进步。我们需要建立可持续的企业来增强我们的自信，而不是企图超越谷歌的谢尔盖·布林（Sergey Brin）和拉里·佩奇 (Larry Page)。

企业的资金来源

第二点是，风险投资并不是唯一的选择。回到《好主意变大生意》这本书，迈克·索森在书中列出了如下九种筹集创业所需资金的途径，按索森的喜好排列如下（也加入了我自己的想法）：

一、我们自己的钱。索森甚至认为用家人的钱开公司也容易失败，用索森的话来说是，"来得快，去得也快"。但有例子表明，当创业者想要证明自己（往往是向父亲证明）时，往往能产生很好的结果。雷切尔·布里奇在《我是如何成功的》一书中的许多访谈都强调了这一点，不管受访对象是不是拿家里的钱创业。很多人还有强烈的非常害怕失败的人的特征——通过克服自己的恐惧和不安全感来"获得成功"。这本书里没有采访名人,只有40位勇于冒险的一般的英国人。事实上,他们当中有些人都强调了把恐惧和不安全感转化为动力的观点。

二、补助金。索森警告我们申请补助金的周期会很长,而我认为补助金和家人的钱一样"来得快去得也快"。有些公司还对申请补助金上了瘾。相比补助金,我个人更倾向于借款,不管借款的条件有多优惠。

三、收入。索森的建议是请主要客户提前付款,或许为其提供折扣优惠。我知道有位企业家在收购一家业绩不好的知名杂志时,为固定的广告商提供大幅度的折扣优惠,让他们提前支付一年的广告费,好帮他渡过难关。

四和五、索森谈到向我们曾经的导师寻求帮助——尤其是当他们有可能留在团队成为骨干的时候。或者导师也可能认识感兴趣的投资者。

尽管这要优于风险投资(见下文),我们必须警惕我称之为"类风险投资"的风险。对任何外部投资者——风险投资者、天使投资人或导师——而言,关键是获得投资回报的时间表。尽管这一时间表可能是数年而不是数月,但它仍有可能与创业者十年(或更长)的人生目标不一致。

由于我自身的经历,我会把索森的第六个建议排在导师投资之上。

六、银行借贷。申请银行贷款要求我们提供各种个人担保,不管内部和外部的声音和宣传如何如何。很多人,包括索森，对此都怨声载道。但我显然更愿意从银行的角度来看待这个问题。在这种时候，银行有以下两大主要功用。首先是寻找好的企业把钱借出去；其次是按规定的利息在规定的时间把钱要回来。对银行来说，整个批贷的过程就是在确认银行的第一个功能能得到第二个功能的支持。

抱歉，但我可以理解这种做法。银行没有其他的优势（日常银行业务并不能带来多少利润），所以我们怎么能让他们冒一个连我们自己都不敢冒的风险呢？在现实中，银行只是在测试那些不愿意承担责任的借款人是否坚定，结果对银行和借款人都会有所启发。

七、以股票换取关键客户的提前付款。但是，索森也警告说，这可能会带来一些不可接受的限制条件，阻碍企业未来的发展。

八和九、风险投资——尽量不要选择像《龙穴之创业投资》（Dragons' Den）中的天使投资人。索森认为选择风险投资就像是浮士德博士把灵魂卖给魔鬼一样。最初，浮士德得到了他想得到的一切，甚至更多，但最后魔鬼出现并夺走了浮士德的灵魂，索森称之为"最终的资产剥离"。

当然，天使投资人（包括本书前言的作者）比穷凶极恶的风险投资人要好，如果他们能为创业者提供指导就更好了。但是，那些想要克服自己对失败的恐惧的人必须谨记使自己走到这一步的各种挫折——尤其是在与人打交道方面。所以，用自主权换取投资从而减少我们内心的恐惧可能代价过高，而且如果投资者的目标与我们的不一致，很可能反而会加深我们的恐惧。

白手起家的乐趣

对我来说——对所有想要从商的正在克服自己对失败的恐惧的人来说——求人不如求己，在创业方面就是我最钟爱的白手起家。字典里对"白手起家"的定义是"通过自己的努力"来创业，实际上就是想方设法让我们自己的种子资本在尽可能长的时间尽可能地发挥效用。

这是个好消息，因为很多强烈害怕失败的人都患有财务恐惧症。我们害怕花钱，因为我们对未来充满顾虑，因而不敢大手大脚地花钱。大多数强烈害怕失败的人都习惯节俭度日，这在创业时是一个巨大的优势。

因此，白手起家的关键是从小生意做起，谨慎经营。在《始于小、完于大》(Start Small, Finish Big)（2000年）一书中，三明治连锁店赛百味的创始人弗雷德·德卢卡（Fred DeLuca）[与约翰·海耶斯（John P. Hayes）合著] 讲述了自己如何用1 000美金白手起家并致富的故事，他在书中还引用了保罗·欧法拉（Paul Orfalea）的创业故事作为例子。

德卢卡建议道，"从小生意开始总比不开始好"。

他指出，在做小生意的过程中，我们会知道什么该做，什么不该做。

他写道，"生意小并不意味着就没有潜力。正因为生意小，你才会有时间学习那些对未来成功至关重要的东西"。

安东尼·亚奎多和小史蒂芬·斯宾奈利（2006年）也强调了这一点。事实上，从小生意开始做起是他们为创业者所提的第九条准则（共15条）。

他们认为，小生意可以减少损失的风险，而精打细算可以激发创业者的创造力。新公司如果能够控制成本，那么它们就能制定较低的产品价格，进行低价竞争——这对新公司是至关重要的。

合伙关系——强烈害怕失败的人的重要里程碑

合伙关系是另一种值得特别对待的创业手段，如果能够成功处理合伙关系，那么就意味着强烈害怕失败的人在康复的道路达到了一个重要的里程碑。与他人合伙开设公司的想法既诱人——合伙人能弥补我们的不足（如信心、乐观、勇气和有着强烈成就动机的人的其他典型特征）——又令人害怕。我们可能像其他强烈害怕失败的人一样不敢相信他人。

当然，我和我的合伙人的关系并不好，以至于我多年来一直不相信合伙关系能够成功，但事实并非如此：通过合伙经营而成功的公司的数量不亚于通过单独经营而成功的公司。

都会立方公司和穆尔盖特信息公司都是合伙公司，但在合伙经营方面并不成功。在都会立方公司，我的合伙人投入的钱（包括他家里的钱）比我多，而且成立公司一开始也是他的主意。他和我都对此耿耿于怀，所以尽管我是公司的首席执行官，但我一直觉得他在同事面前中伤我，有时甚至还侮辱我。而他由于股份比我多（如果算上他的亲友的股份，他就是公司的绝对大股东），比较有话语权，而他可能因为我还有银行和出版的事要忙，所以觉得我不太靠谱。

而在穆尔盖特信息公司的情况则恰好相反。我的一位前同事——一个记者——提议我们合伙。而我正好想成立一家专门为银行服务的公关公司，亟须有着强烈成就动机的人的肯定，所以我立马就同意和他以50%∶50%的比例合伙成立公司。但大多数资源都是我提供的，这家公司成立之初还是在都会立方公司孵化的。

我原本以为在我卖掉都会立方公司并可能涉足一些其他领域的时候，他会顶替我成为公司的全职执行官，但我错了。我们的创业理念截然不同，最后我被他的理念和他在别的项目的工作激怒了（而忽略了我自己的原因）。

强烈害怕失败的人在合伙关系中易犯的典型错误

当然，我对上述两种情形的反应都是典型的强烈害怕失败的人的反应：产生挫折感，不信任他人，继而做出情绪化、非理智的反应。在都会立方公司，我无法接受自己像个新手一样——不承认自己缺乏创业经验——继而故意刁难他人，做出一些幼稚的行为。我的合伙人有着丰富的经验，我本应该虚心接受他的教诲。虽然他是总裁而我是首席执行官，但我却误解了我们之间的分工（我想我不是第一个有这种误解的人），以为我有权做绝大多数决定。

尽管我在都会立方公司拒不接受合伙人的教诲，但在穆尔盖特信息公司我成了资深合伙人，并照搬了我在都会立方公司的合伙人的做法。我还放松了人事管理——认为这是我的权利——从而疏远了我的新的合伙人。话虽如此，我在穆尔盖特信息公司犯的最大的错误是我提供了大多数的资源——至少在我看来——但却和对方以50%：50%的比例合伙。只有强烈害怕失败的人才会在一开始由于不安全感而把自己贱卖，然后在合伙经营的过程中再对此心存怨恨。

我的这两段经历都很糟糕，很可能都是我咎由自取。合伙关系可以很好地促进企业的发展，尤其是当合伙人能力互补的时候。但合伙关系是建立在信任的基础上的，而——就我的经历而言——如果不存在信任或信任瓦解了，那么合伙人很快就会陷入你死我活的争斗中。

在这两段经历中，我觉得我都没有受到什么惩罚，这主要是因为其他人（也就是说，不是我的责任）。但是，回顾过去，我认识到我对失败的强烈恐惧才是造成两次合伙失败的主要原因。由于我不善于和他人建立关系，在相处的过程中我也不信任对方，我因此而做出的一些行为又让我失去了合伙人的信任（他们很可能是对的），从而陷入了一种自我实现的恶性循环——这是强烈害怕失败的人经常碰到的情况。

建立强大的合伙关系

在《一起做生意》（Let's Go into Business Together）（2001年）一书中，艾里拉·贾菲（Azriela Jaffe）指出良好的沟通是合伙关系成功的"白金法则"，这个道理听起来似乎理所当然，但在实践中并非如此。就我的情况而言，我当时只顾表达自己的观点——内心一直在呐喊"听我说，听我说"——以致我没有时间也不想倾听对方的声音。

贾菲不是第一个把合伙关系比作婚姻关系的人。贾菲认为，和所有亲密关系一样，合伙关系在一开始是非常浪漫的，充满了和谐、妥协和魔力。双方都努力吸引对方，在这个阶段，双方也往往只看到彼此的优点。但是我们免不了要回到现实——或许是首次危机出现的时候，过去我们主动忽略的危险信号现在开始变得危急起来。

贾菲写道，"不论是婚姻关系还是合伙关系都不可能永远处在蜜月期。权力斗争和对对方的幻灭虽然痛苦，但却是每段亲密关系都必经的过程。"

贾菲认为浪漫期是为良好的婚姻打基础的关键时期，因此他的建议是（同样也加入了我自己的想法）：

慢慢来。不要急于建立合伙关系。贾菲建议我们"先同居再结婚"，意思是先合作几个项目。

准备"婚前协议"。合作协议是非常重要的。这个协议应该列出各个合伙人对公司的投资额以及责任，及其他可能出现的责任。

罗列优缺点。合作协议还可包含每个合伙人的能力和品质。这对现代（和较为成熟的）合伙关系来说是非常重要的，因为人们都希望和来自不同背景的人（典型的如销售和信息技术人才）合作。这就是贾菲所称的"合伙模式的变革"，这要比几个大学好友或酒过三巡后的偶然合伙要高效得多。

介绍家人。你愿意把你的生意伙伴介绍给你母亲认识吗？如果不愿意，为什么？面对潜在客户你可能也会遇到同样的问题。

准备一份使命声明。即使两家现有的企业联姻后形成一家新的公司，这家公司也需要制定新的商业计划，还有最重要的——一份新的使命声明。这份声明可以让人们了解这家新公司与以往不同的目标和动机，而且——一旦各方对这份声明达成一致意见——这些共同的目标应该有助于解决小的争端。

如果合伙关系出现裂缝

当然，贾菲也指出，以上各个建议都是为了在"幻灭的那一天"到来时力挽狂澜。

这一时刻对那些强烈害怕失败的人来说非常重要，因为他们或许会天真地以为合伙人能弥补他们自己的不足。而当幻灭后，他们几乎肯定会对对方失去信任——对方的言行摧毁了本就脆弱的信任或情感投入。

贾菲指出，在这种时刻，你或许会试图努力改变对方，但这很快就会让你陷入绝境——对方会对你恶言相向，或者你们的关系会降到冰点。但是，如果你试着换位思考，想想自己可以做哪些改变（至少改变自己的方法），以及如何接纳对方的观点，那么对方的态度或许会有所软化。

即使你怀疑合伙人的诚信，你也应该诚实以待；即使你怀疑合伙人的动机，你也应该坦言自己的动机；即使你怒火中烧，你也应该保持冷静——用你希望对方和你沟通的方式来和对方沟通（这对我而言显然是最大的挑战）。

合伙关系的好处

但这一切听起来都太消极了，貌似最好的结果也只是咬牙忍受和无聊的劳作。但酒店业者约翰逊·蒂施（Jonathon M. Tisch）在《我们的力量》（The Power of We）[2004年与卡尔·韦伯（Karl Webber）合著]一书中抨击了这种消极的观点。他认为，合伙关系不同于传统的在睾丸激素刺激下努力成为"行业巨头"的方式，而后者，在蒂施看来，往往不得善终。

蒂施认为，"在生意场上，孤胆英雄只是个传说。"

为了证明这一点，蒂施扩大了合伙关系的范围，涵盖了客户、供应商、社会机构，甚至还有竞争对手和雇员——这主要是因为这能改变我们"唯我独尊"的思维。蒂施认为，不管在任何一层次上，合伙关系都应该是平等的，而且建立在妥协和承诺的基础上。他还认为，找出不合作的理由很容易，但找出合作的理由则需要我们进行创造性地思考。

这说得容易，但至少对强烈害怕失败的人来说，这些观念实行起来要困难得多，尤其是要坚持下来更是难上加难。伟大的史蒂芬·柯维在《高效能人士的七个习惯》中为我们做了解答。柯维提到的第六个习惯就是"协同合作"，他认为所谓协同合作就是"让一加一大于二"。柯维称协同效应在自然界中随处可见——甚至也反映在男人和女人传宗接代上。

柯维指出，"协同效应的本质是重视差异，尊重差异，强化优势，弥补劣势。"

然而，效率取决于信任，而如果我们防御心太强、专断独裁或过于被动，那么就很难建立信任。柯维认为这些反射性反应可能会带来灾难性的后果——强烈害怕失败的人应该深有体会。我们或者反对，或者忍受，但却不主动合作，而在柯维看来，合作和沟通是实现协同效应的两大保证。

柯维指出，"缺乏信任的沟通带有防御和自我保护的色彩，往往充斥着法律术语……这种沟通只会导致你死我活或双输的结果。"

在柯维看来，折中的方法是基于尊重的沟通，这会使双方做出"诚实、真挚的"让步。然而，"创意的可能性并没有被打开"，意味着合伙关系的巨大优势并没有显现出来，而只产生了低级的双赢结果。柯维指出，真正协同的关系——能"产生比原来更好的解决方案"，且让各方"真正享受创意过程"的关系——是建立在真诚信任的基础上的，我们完全地信任且充分配合对方。

同样，我自己的经历——各个合伙人的动机和目标似乎都截然不同，因此信任也就无从谈起——让我怀疑柯维的看法是不是太天真了，但柯维最后也提到了这一点。

他说，"在有些情况下是无法实现协同效应的"，但他又补充道，即使在这种情况下，认真地尝试也会让我们受益，因为这意味着我们避免了拒不妥协可能造成的伤害。

而这也意味着我们可以潇洒地离开，做出有益的妥协，而不会加重我们内心的不安全感和恐惧。当然，妥协和大度——不论肉体上要经受多少折磨——都好过怨天尤人，当然，有些强烈害怕失败的人还是不自觉地会选择后者。

在创业时，你应该避免把主动权交到风险投资或银行经理的手中，以免自掘坟墓。解决之道就是白手起家；强烈害怕失败的人可能反而擅长这一点。如果你有信任问题，那么合伙关系对你来说可能是一大挑战。但你还是可以通过沟通和合作建立协同的关系。

结　语
——康复的意义

　　本书开篇对自助产业提出了合理的质疑。在剥离了有用的窍门和建议后，我们也应该对其持怀疑态度。现代自助产业毕竟只是个产业：有投资者（向我们这样缺乏安全感的人），有产出（书籍、DVD光盘、巡回演讲、手术、电视节目以及一些奇怪的小发明），也有流程——让投资者把注意力集中在自身的幸福、现实、潜力上。

　　正如史蒂芬·柯维所指出的，自助产业也在与时俱进：在19世纪，关注的是性格的培养——宣扬勤奋和效率等美德——现在关注的则是对不安全感的快速疗法（"不到一个小时"），在短时间内实现成功、幸福和梦想。

　　在这个追求速效的时代，这个产业正好符合人们急功近利的心理——看，惊喜吧！

　　需要我警告你们这不可能吗？也不必，因为即使是最热忱的粉丝也会对"梦想实现"大师的过度承诺有所警惕

（但他们仍可能会被那些所谓能消除不安全感的"疗法"所蛊惑，正如多数心理学家所指出的，我们天生就缺乏安全感）。我的任务是把二者结合起来——一方面接受科学，接受背上的那只烦人的"猴子"；另一方面学习、借鉴自助大师的窍门，促进自己的进步。接受自己内心的想法，但要试着制定成长规划——不要明知不可能还硬要改变自己的思维。

事实上，我认为很多自助大师都会悄然接受过度承诺的指控，还会辩解称，哪怕不能实现预期的目标，但目标定得高一点，结果也会好一点。这么设置目标虽然可以，但这显然与长久幸福的追求背道而驰（更像是在不停追求挫败感）。而且在应对害怕失败等心理状况的时候，这是绝对行不通的。如前文所言，自我否定——不管隐藏得多深或掩饰得多好——都不能解决问题，只是把问题延后。

不再偏执

但这还不足以让我们得出悲观的结论。重点是接受，对自己说这就是我，让我们一起面对未来。但我们也要小心，因为对任何事情——包括过去、未来、我们、他人——的偏执都是不健康的，会把我们引入歧途。

当然，心理学家保罗·皮尔索尔（Paul Pearsall）在抨击自助产业的《终极自助书》(*The Last Self-Help Book*

You'll Ever Need)（2005 年）一书中也持同样的观点。皮尔索尔指出，过于关注自我会放大你所遇到的问题，让问题显得不可控。皮尔索尔认为，"好的生活不只有一种"，所以你应该放弃追求这唯一的好的生活，而过"一种好的生活"。他认为消费，甚至是对思想的消费并不能消除人们内心的不满。他建议读者培养自己健康的人格，而在他看来，健康的人格应具备以下"七种特征"：

（1）持怀疑态度，尤其是对那些把人生智慧浓缩成几条法则的书；

（2）在关于他人的事情上——尤其是在婚姻关系中——欺骗自己可能对你有好处；

（3）接受家人疯狂的一面；

（4）如果你热爱你的工作，那么变成工作狂也不是件坏事；

（5）对健康的执迷有害健康；

（6）人不可能永葆青春，所以要活在当下；

（7）死亡也是生活的一部分。

自我批判

皮尔索尔认为人不可能一直保持积极的态度，并公开质疑不管遇到多大的挫折都要保持乐观向上的态度的说法——因为这会弱化我们自我批判的能力。愧疚和羞耻感并不总是一无是处,而自尊也不是"神圣不可侵犯的"。他认为,怀疑、抑郁、愧疚甚至羞耻感能激励人们变得更好,而希望和积极性则会把人们紧紧困在未来的目标中,而忽略了当下。

皮尔索尔建议我们不要追求自我进步,而是要享受生活。你应该试着给当前的生活加点调味——哪怕是苦的——而不是只顾着追求未来的幸福。

皮尔索尔指出,"抑郁没有问题,生活和生活的过渡阶段有时候会令人伤心。哭泣……并不代表我们'不正常',这是人类的天性。"

捍卫忧郁

英文教授埃里克·威尔森(Eric G. Wilson)在《反对幸福》(*Against Happiness*)(2008年)一书中进一步深化了这一观点,并捍卫了人们忧郁的状态。很少有人认为忧郁的情绪可能会有利于我们的思维,而整个自助产业似乎都在疾呼要消除这种忧郁的情绪。但威尔森认为,悲伤能"激发伟人的思想、灵感和创造力",促使人们"把注意力从表面现象转移到事物的深层含义上"。

威尔森华丽地描述到(他毕竟是位英文教授),"忧郁症就像是在一片亵渎神灵的土地上长出的神圣的花",并补充道,心理的低潮会促使"大脑不停地思考、质疑,保持活力"。

威尔森指出，那些追求永恒幸福的人本质上是在追求对事物的控制权。而对那些缺乏安全感的人来说，失控感、无助感正是他们最担心的。但威尔森引用哲学家艾伦·瓦茨（Alan Watts）的话说，"在一个瞬息万变的宇宙中追求绝对的安全本身就是矛盾的"。

因此，威尔森指出，永恒的幸福不过是人们幻想出来的，而对永恒幸福的追求就像宗教一样，而励志大师就像"祭司长"，试图唆使信徒努力掌控那本无法掌控的未来。

史蒂芬·柯维在《重要的事情先办》（*First Things First*）[写于1994年，与罗杰和丽贝卡·美林（Rebecca Merrill）合著]一书中也表达了同样的观点，"认为一切尽在掌控是种幻想，这会让我们妄想控制事情的后果"。

柯维认为任何基于控制的范式——不论是控制时间、人还是后果——都是注定失败的，因此把我们的幸福基于这种追求上是没有意义的。

选择服务他人

那么，那些正在康复中的强烈害怕失败的人应该怎么做——尤其是在我们能控制（或至少理解）自己的情绪，制定长期目标和实现目标的计划后？同样，柯维也为我们提供了答案。

他在《成功人士的第八个习惯》（*The 8th Habit*）（2004

年）一书中写道,"选择服务他人是最明智的习惯"。

不要担心,我不打算在最后的分析中变得煽情。柯维提出这一实用的建议的原因是,一旦我们不再过分关注自我,我们就会开始关注别人,走上柯维称之为"启蒙"——但我更愿意将其称之为"持续康复"的道路。强烈害怕失败的人的最大弱点可能就是对自我的偏执。而要克服这一弱点最有效的方法就是关心他人。因此,柯维所说的第八个习惯是"在寻找自己的声音的同时帮助他人找到自己的声音"。这里的"声音"指的是每个人"独一无二的重要性"——你能给予他人的东西(但需要补充的是,这不是让你变成爱说教的皈依者)。

在穆尔盖特信息公司工作的时候我就注意到了这种情况。这份工作最让我满意、最让我有成就感的地方就是发掘了新进员工的写作潜力。在我写第一本书的时候,我在斯特兰德旧书店(纽约一家著名的二手书店)看到了威廉·津瑟(Willaim Zinsser)写的《写作提高》(*On Writing Well*)(1976年首次出版),这本书当时在英国还没什么人知道。津瑟对非小说类写作的实用建议——及其简洁、真挚的文风和对主题的热爱——不仅改变了我的写作方式,还驱使我向别人介绍他的写作方法,同时还有我自己的看法。我开始热切地宣扬如何写作,哪怕是最枯燥的题材(天知道我们在穆尔盖特信息公司遇到了多少枯燥乏味的题材)。

当然，我认为穆尔盖特信息公司的成功不仅得益于我们吸引新客户和盈利的能力，同样也得益于我们强大的文案能力。例如，有位员工在离职时说他很后悔他在牛津大学准备英语论文时没能很好地掌握写作技巧。从另一个角度来看，他也是一位对我们感到满意的顾客。

增强他人的能力

那么，你为什么要帮他人找到自己的声音呢？柯维建议我们考虑其他选择。你可以选择通过控制他人来实施领导，但很多强烈害怕失败的人发现结果往往不尽如人意，而且容易引起争端。或者你也可以选择放权，你现在很可能正在这么做，但这显然不利于你的个人成长。柯维认为，第三种——也是唯一长久的——选择就是帮助他人实现他们的目标，把这视为你努力的主要方向。

可谓认为，我们应该帮助他人找到自己的长期目标，并帮助实现它。如果你真心实意地这么做——意味着你招聘他们不是单纯为了实现你自己的目标或让他们不再攻击你——那么你们双方都能从中成长：不管在工作、家庭生活甚或社交生活中，你个人的进步都是和你身边的人的进步绑在一起的。

在我看来，这对那些强烈害怕失败的人是非常有启发的。把我们自己的目标和他人的目标绑在一起，我们马上就能不那么沉迷于自我，树立积极的心态，显著提高我们与人打交道的能力。我们还能充分发挥那些隐藏在我们身上的积极的性格特征。我们可以毫无顾忌的发挥我们内在的创造力、敏感性和强大的领导潜力，因为我们这样做的目的不是为了自己，而是为了他人。让我们把注意力放在他人身上时，我们就能遏制——或者至少能更轻松地驱赶——我们背上的那只"猴子"，因为它不能影响他人。

　　帮助他人实现他们的目标非但不会让我们变成空想的社会改良者，还有可能是强烈害怕失败的人克服对失败的恐惧的最有力的武器。

　　对任何事情包括我们自身的偏执都是不健康的，会放大我们所遇到的问题。帮助他人实现目标对康复中的强烈害怕失败的人来说是个很好的选择——主要是因为我们背上的那只"猴子"不能影响他人。

总　结

我很高兴能为本书写总结，这让我有机会从思想史，尤其是心理分析思想史和心理治疗的最新趋势与判断的角度来研究本书。

凯尔西提出了一个个人问题——害怕失败，并认为这是一个普遍性的问题——我同意这一观点。当然，这是由不停地选择和"追求成功"的当代精神所引起的，这也激励作家，如凯尔西，以此为题材进行创作。但事实上，凯尔西所讨论的这一问题可追溯至公元前5世纪的古希腊时期。

在柏拉图那个年代，雅典人民不知道什么对自己才是好的，过着无意义的生活，抑郁、孤独，直到哲学家站出来给了人们一个答案：他们声称自己知道什么才是对人们好的。后来他们利用语言——或修辞向雅典市民灌输好的想法，激励市民积极追求哲学家所描绘的美好生活，从而摆脱抑郁。

凯尔西更进一步，批判了哲学家所灌输的想法——认为这种修辞对市民的积极作用很可能会逐渐消失，反而让市民更加困惑，并且可能会让市民变得更加抑郁。

然而，这种对柏拉图所谓的"哲学王"的抗拒有着深层的历史原因。早在公元前5世纪的雅典，高尔吉亚（《海伦颂》）就对向别人灌输想法这一做法深感不解。在他看来，这和下毒或迷惑没什么两样。苏格拉底也支持这种观点，认为雅典人民抑郁的原因正是因为他们不假思索地接受了别人所认为的什么才是对他们好的观点。

在现代社会，人们对这个问题进行了更多的思考。以"积极的幻觉"为例，它先是被作为催眠来研究，直到19世纪的欧洲才有了正式的定义。如果我们通过催眠将一个新的想法引入主体的意识中（如"我是爱神"），而且这一想法会让主体忘记自己所知道的（如"我害怕女人"）而记住他人所知道的，那么主体就会通过这种"错误的联系"和客体沟通，并且错误地评估自己的能力——在这个例子中，被催眠的主体就像小丑一样在舞台上以"爱神"的姿态趾高气扬，而我们观众是"知道真相的"，对此嗤之以鼻。

哪怕时间再前进一百年，人们还是会追求成功，成功的观念还是会被建立在自己建立的"错误的联系"上。蕾娜塔·莎莉赛（Renata Salecl）在她那本优秀的新书《选择》（Choice）（2010年）中指出，在物质生活极大丰富的今天，人们迫切地想要做出正确的选择，所以往往会选出一位临时的"权威"告诉我们要做什么。在世俗世界中，这位权威十有八九就是某位励志大师或人生导师。西格蒙·弗洛伊德（Sigmund Freud）在《集体心理学》（*Group Psychology*）（1922年）一书中也认为任何"权威"的"建议"只会给我们带来消极的后果。

只有了解这一传统，我们才能明白新的权威及其衍生出来的人生指导和其他励志论。如果我们和柏拉图一样承认我们不知道什么对自己才是好的，如果在这些"好想法"被分发出去的那天，我们不知道怎的却病了没能分到这些"好想法"，那么我们可以接受把这种"积极的思维"作为一种迟到的、植入的选择。不幸的是，临床证据不断表明：成功只是昙花一现，核心的观念才是永恒的，会一再冒出来。

这是如何表现的呢？19世纪，法国出现了另一个催眠流派，他们强调的是消极的幻觉，即通过催眠剥夺主体意识中的某块知识，如"这个房间里没有家具"。如果我们请主体把一间布置了家具的房间的门关上，有趣的是，主体就会避开这些家具。但是在被问到为什么要绕路时，主体往往会以"地板嘎吱作响"或"我渴了"作为借口，而不会直接说出房间里有家具这一明显的事实。

这一发现引起了凯尔西的注意。催眠师并没有减少主体关于这个世界的知识，而只是减少了主体关于为什么选择那条路线的原因的知识。其次，更重要的是，我们不允许我们对这个世界的了解存在空白。如果我们"不知道"我们做某件事的真正原因，那么我们就会强迫自己找些理由在事物之间建立"错误的联系"——坚持这些理由，而放弃逻辑的思维。

凯尔西的论文挑战了"集体遗忘"的观点——正如现代的哲学王所提倡的——即催眠师可以通过"消极的幻觉"来使主体"遗忘"某些事。凯尔西继而解释了某一特别知识（"我害怕失败"）的缺失是如何让我们强迫自己对我们的世界进行解释，并捍卫我们的世界。

凯尔西的哲学继承了苏格拉底的衣钵，倾向于直面问题——他认为我们忽视了"害怕失败"这一严峻、综合的现实，并为此付出了代价。如果我们明白这一特定的情况（害怕失败）决定了我们的行为，那么我们就不会因为害怕困难而选择将其遗忘——借助修辞工具、"消极的幻觉"——而是时刻牢记这一点，然后以此来衡量我们所有的行为。

这或许不会带来我们所希望的那种辉煌的结果，但这能使我们放弃错误、短暂的追求，因为这些追求最终会强化，而不是铲除我们消极的核心信念。这还奠定了可持续的心理分析治疗——该结构由弗洛伊德在19世纪80年代建立——的坚实基础。

唐纳德·柯克帕特里克
心理分析师、伦敦心理辅导和心理分析协会创始人

图书在版编目(CIP)数据

相信自己 /（英）凯尔西著；林敬贤译. —北京：商务印书馆，2015
ISBN 978-7-100-10269-8

Ⅰ.①相… Ⅱ.①凯… ②林… Ⅲ.①成功心理—通俗读物 Ⅳ.①B848.4-49

中国版本图书馆 CIP 数据核字(2013)第 203160 号

所有权利保留。
未经许可,不得以任何方式使用。

相信自己

〔英〕罗伯特·凯尔西　著
林敬贤　译

商 务 印 书 馆 出 版
（北京王府井大街36号　邮政编码 100710）
商 务 印 书 馆 发 行
北 京 冠 中 印 刷 厂 印 刷
ISBN 978-7-100-10269-8

2015 年 4 月第 1 版　　　开本 880×1230　1/32
2015 年 4 月北京第 1 次印刷　印张 8½
定价：24.00 元